肖志明 著

排放权交易机制研究

——欧盟经验和中国抉择

吉林大学出版社

·长春·

图书在版编目（CIP）数据

碳排放权交易机制研究：欧盟经验和中国抉择／肖志明著．—长春：吉林大学出版社，2020.7
ISBN 978-7-5692-5968-1

Ⅰ．①碳… Ⅱ．①肖… Ⅲ．①二氧化碳－排污交易－对比研究－欧洲国家联盟、中国 Ⅳ．① X51

中国版本图书馆 CIP 数据核字 (2019) 第 283004 号

书　　名	碳排放权交易机制研究——欧盟经验和中国抉择	
	TAN PAIFANGQUAN JIAOYI JIZHI YANJIU——OUMENG JINGYAN HE ZHONGGUO JUEZE	
作　　者	肖志明　著	
策划编辑	李承章	
责任编辑	安　斌	
责任校对	宋睿文	
装帧设计	云思博雅	
出版发行	吉林大学出版社	
社　　址	长春市人民大街 4059 号	
邮政编码	130021	
发行电话	0431-89580028/29/21	
网　　址	http://www.jlup.com.cn	
电子邮箱	jdcbs@jlu.edu.cn	
印　　刷	长沙市宏发印刷有限公司	
开　　本	880 mm×1230 mm　　1/32	
印　　张	8.75	
字　　数	290 千字	
版　　次	2020 年 7 月第 1 版	
印　　次	2020 年 7 月第 1 次	
书　　号	ISBN 978-7-5692-5968-1	
定　　价	68.00 元	

前　言

　　碳排放权交易机制在本质上是属于以"控制总量"为特征的环境经济政策,是运用市场机制激励企业采取减排的有效措施,是国际社会和各国探索解决全球气候问题、控制碳排放的重要经济手段之一。1997 年联合国气候大会通过的《京都议定书》,确立了缔约国中发达国家的温室气体排放额度和减排义务,同时设计了排放贸易(ET)、联合履行机制(JI)和清洁发展机制(CDM)三种交易机制,帮助发达国家低成本高效完成减排任务。欧盟、美国、澳大利亚、日本等发达国家,为控制国内的碳排放,也在探索建立发展自身的碳排放权交易机制,其中欧盟碳排放交易机制和交易市场的发展最为引人注目。我国正处于高速发展的工业化和城市化过程中,面临着国际和国内较大的减排压力。2016年 4 月,我国政府签署了具有国际法律约束力的《巴黎协定》,承诺将切实做好国内的温室气体减排,使二氧化碳的排放量到2030 年左右达到峰值,并先后提出要通过探索建立全国碳排放交易市场以应对气候变化的政治意愿。因此,从国别经济比较研究视角出发,借鉴欧盟碳排放权交易机制发展经验,探索建立和发展符合我国自身国情的全国碳排放权交易机制显得很有意义。

　　本书围绕借鉴欧盟碳排放权交易机制发展经验,探索建立发展我国碳排放权交易机制和交易市场,共十章。

　　第一章为绪论,分析了碳排放权交易机制的研究背景、研究意义,对国内外关于碳排放权交易机制的同类研究进行了阐述,并对本书的研究思路、研究方法和技术路线进行了说明,指出本书的创新点。

第二章从劳动价值理论、资源稀缺性理论、外部性理论和科斯产权交易理论几个方面探讨了碳排放权交易机制的理论基础，对大气环境容量经济属性和温室气体排放权的内涵做了阐述，指出大气环境容量资源具有公共产品特性；为解决其公共产品所导致的外部性问题，通过明晰产权方式和实行排放权交易机制，是实现大气环境容量资源有效配置和控制碳排放的较优选择。在此基础上分析了排放权交易机制的含义、体系和作用原理，并对排放权交易机制、直接管制及碳税在治理环境气候问题上的优劣势进行比较，提出了我国在碳减排手段上的战略抉择：（1）寻求经济手段治理气候将是我国环境政策的大势所趋；（2）综合应用各种减排手段是我国环境政策的战略选择；（3）渐进原则是我国探索碳减排手段应坚持的重要原则。

第三章评述了国际碳排放权确立的全球气候问题背景，介绍了国际碳排放权交易机制和交易市场形成的过程，阐述了国际碳排放权交易机制和交易市场的发展状况及对全球各国碳排放权交易机制和交易市场发展的影响，最后对"后京都"时代国际气候谈判和碳排放权分配过程中的矛盾问题进行了分析，并提出了中国在气候谈判过程中所应坚持的原则：（1）将"共同但有区别的责任"继续作为新的国际气候协议的基本原则；（2）将"人均排放量"作为衡量国家历史责任的原则；（3）坚持"消费者负责"的原则；（4）坚持技术创新和转让的原则。

第四章从我国面临的国际国内减排压力、降低减排成本、调动民间资本推进减排事业、保持企业竞争力、促进低碳技术和产业发展、实现经济方式转变、提升我国在国际碳产业链地位的需要七个方面，分析了我国建立碳排放权交易机制和交易市场的必要性，从已具备具体条件和制约因素两方面分析了我国建立碳排放权交易机制的可行性。

第五章介绍了《京都议定书》下国际碳排放权交易机制的主

要内容,分析了国际碳排放权交易机制运行绩效和存在的问题,同时探讨了中国参与清洁发展机制的状况、作用和问题。指出《京都议定书》下的国际碳交易市场的兴起与繁荣,中国无疑是受益者之一,清洁发展机制(CDM)项目的实施促进了中国的可持续发展;但由于清洁发展机制本身存在弊端和风险,其并不能解决所有国家的碳减排和全球气候变化问题,因此许多国家在积极参与《京都议定书》下的国际碳交易的同时,也在积极探索建立国内碳排放权交易机制和交易市场。

第六章介绍了欧盟碳排放权交易机制(ETS)的建立发展过程和主要表现,从碳减排的推动、企业能效的提高、排放配额价格机制的形成、全球低碳技术、碳市场发展的推动及全球低碳金融产业的壮大等方面分析了欧盟碳排放权交易机制实施的成效。最后阐述了欧盟排放交易机制中的配额分配方法经验与碳泄漏风险。

第七章从欧盟碳排放权交易机制实施对技术创新、企业竞争力、碳泄漏和成本费用等方面的影响进行分析。欧盟排放交易体系对低碳技术发展和创新产生了积极但温和的影响。欧盟 ETS 增加了区域生产者的生产成本,引发了对工业企业竞争力恐惧。工业竞争力恐惧又引发了区域碳泄漏的风险,对碳泄漏程度的担忧是欧盟工业部门制定更强大的二氧化碳减排义务的主要障碍之一。在相关成本费用分析上,得出欧盟碳排权交易机制对排放配额不同的大小企业影响不一样,对排放配额少的企业影响更大。

第八章由于排放交易机制是新生事物,作为探索者欧盟将排放交易机制分四个阶段组织:第一阶段 2005—2007 年、第二阶段 2008—2012 年、第三阶段 2013—2020 年和第四阶段 2021—2028 年。欧盟 ETS 的发展是不断挑战困难和改革完善的过程。欧盟 ETS 机制在创建排放交易市场的有效性方面取得了较大的成功,因此这一机制给我们提供了许多经验教训与启示。

　　第九章借鉴欧盟碳排放权交易机制发展的经验和教训,结合我国实际情况,提出建立我国碳排放权交易机制和交易市场的原则,设计出符合我国国情的碳排放权交易机制和交易市场的发展路径——先建立自愿碳减排交易市场再实行强制性碳减排交易市场,先建立重点行业性市场再建立全国性市场,先碳排放权现货交易市场再碳期货交易市场。最后从排放总量控制、初始排放权的分配机制、排放许可机制、排放和交易登记机制,以及监控与核证机制五个方面,提出具体的国内排放权交易机制体系方案及相关的政策支持措施。

　　第十章阐述了中国开展碳排放权交易试点建立与发展过程,通过数据分析我国碳排放权交易市场发展现状与成效。启动碳排放交易市场建设以来,我国碳排放交易市场试点的基础设施、交易机构、市场交易量、碳减排、排放配额交易量、企业碳减排意识都得到了发展。但在看到我国碳排放交易试点市场取得重大成就的同时,也应该看到我国碳排放交易市场发展过程中面临的各种挑战。

目　录

第一章　绪论

　　频繁发生的极端气候现象使人类的生存和发展面临着严峻的挑战,应对气候变化问题具有了相当的重要性和紧迫性。从1997年国际社会通过了旨在限制发达国家温室气体排放权,以抑制全球变暖的《京都议定书》起,气候变化问题和治理气候变化问题的重要经济手段——碳排放权交易机制,开始在国际学术界受到了越来越广泛的关注。《京都议定书》下的清洁发展机制(Clean Development Mechanism,简称 CDM)市场发展和以欧盟为主体的全球碳排放交易市场的蓬勃壮大,以及我国碳减排国际压力愈增,使得国内关于建立适合我国国情的全国碳排放权交易机制和交易市场的呼声也越来越高。本书通过对欧盟碳排放权交易机制运行经验的借鉴,探索建立适合我国的碳排放权交易机制和交易市场。

第一节　选题背景和研究意义

(一) 选题背景

1. 全球气候问题受到各国政府和国际组织的普遍关注和重视

　　以气候变暖为主要特征的全球气候变化是 21 世纪人类共同面临的重大环境问题和发展挑战,关系到各国的根本利益和长远利益。近年来极端天气的频发、自然灾害的增加和海平面的上升等现象给人类的生存造成了巨大的伤害,气候变化问题成为各国政府国家安全的重要内容,应对气候变化成为今后相当长时期内各国实现可持续发展所要解决的核心任务。为了减缓和适应全球气候变化,降低温室气体排放量,各国政府和国际组织开展了广泛的国际合作,设计了各种解决方案并采取了一系列减排手段。

2. 大气环境容量资源的有限性成了人们的共识

温室气体排放是各国追求发展必不可少的条件。长期以来,大气环境容量资源(大气环境承载力、大气生态系统的产出和服务功能)被认为是取之不尽、用之不竭的公共物品。但随着对气候环境问题治理和研究的深化,人们逐渐认识到大气环境容量也是一种有限的资源,如果全球温室气体不加限制排放,累积到一定的程度,超过大气环境容量的承载力,则会产生不可估量的危害。目前大多数科学家认为如果全球温室气体浓度超过 450~550 ppm[①] 这一界限,地球将有灾难性的后果,尽管这种后果是否真的会发生仍有不确定性。但当人们认识到大气环境容量的承载力是有限的时候,也意识到了必须约束各国的温室气体排放额度(排放权)。《联合国气候变化框架公约》及《京都议定书》为各缔约国中发达国家分配了温室气体排放额度和减排义务。

3. 包括碳排放权交易机制在内的经济手段在气候问题治理中的作用越来越重要

外部性问题的存在导致了环境资源的过度使用。既然如此,那么通过市场机制来优化大气环境容量资源的配置,实现温室气体减排与经济发展相互协调,应该是可行的。这样的思想催生了各种气候环境治理的经济手段,包括排放权交易市场机制手段的应用。国际温室气体排放权交易机制为减少温室气体排放,推动发达国家和发展中国家在解决气候问题上的国际合作提供了一

---

① ppm 为摩尔比浓度 10^{-6},即每 100 万个空气分子中含 1 个二氧化碳分子。

条有效的途径。此外,为实现《京都议定书》中的减排承诺,发达国家针对控制温室气体排放制定了国内区域性的减排机制,建立起了区域性的温室气体排放权交易市场,如欧盟、美国、加拿大、澳大利亚、日本等国;包括韩国、印度尼西亚、新西兰、智利和印度等多个国家表示正筹建碳排放权交易市场;欧盟基于现有的碳交易机制对于减排起到的推动作用,要将现有交易系统扩展到整个欧洲;由于各国积极参与全球温室气体排放交易,全球温室气体排放权交易市场近年来迅速发展。截至 2019 年 4 月 1 日,已有195 个缔约方签署了《巴黎协定》,185 个(占全球温室气体排放量的 87%)已交存批准书;在向《巴黎协定》提交国家自主贡献(NDCs)的 185 个缔约方中,96 个国家和地区(占全球温室气体排放量的 55%)表示他们正在计划或考虑使用包含碳排放交易机制在内的碳定价作为履行其承诺的工具。这其中,欧盟的碳排放交易机制和交易市场在全球最为完善,形成了世界上最大的区域性温室气体排放权交易市场。

4. 探讨中国有效实现节能减排目标的经济手段是当前政府和理论界致力研究的热点和难点问题

在解决气候问题这个国际大背景下,中国作为发展中的温室气体排放大国,肩负国际和国内的减排压力。由于中国长期粗放式的经济发展方式,导致生产能耗强度和排放强度大大超过世界平均水平。推行节能减排,向低碳经济转型具有必然性,但也面临着许多市场和制度障碍。“十一五”规划把节能减排工作确立为中国经济社会发展规划的硬约束指标。在国际上,由于中国已是全球温室气体排放最大国家之一,作为负责任的大国所受到的国际减排压力非常之大。中国政府已就减排目标作出明确承诺:提出到 2020 年单位 GDP 二氧化碳排放强度比 2005 年下降 40%至 45%,到 2030 年比 2005 年下降 60%至 65%的控制目标。如何分解和落实这些颇具挑战的节能减排目标任务,预期将成为未来各级政府政绩考核和理论界研究中的重要内容。为了实现节能减排目标,建立起节能减排的长效机制,各级政府和理论界都在努力探索除传统行政手段以外的市场经济手段的应用。利用排放权交易机制等市场经济手段实现碳排放控制目标,推动低碳经济发展,日益受到各级政府部门和学者的重视,并在不同层面上开展了试点和研究。中国政府在 2010 年《国务院关于加快培育和发展战略性新兴产业的决定》文件中,首次提出要建立和完善主要污染物和碳排放交易制度;在"十二五"规划中也同时提出要建立完善温室气体排放统计核算制度,逐步建立碳排放权交易市场。在国内经过碳交易试点运行几年后,在"十三五"规划中进一步提出要推动建设全国统一的碳排放交易市场。

5. 转变经济发展方式、建设生态文明和实现经济社会可持续发展是我国必须认真研究的重大课题

党的十八大报告中提出"大力推进生态文明建设,提高生态文明水平,建设美丽中国"。在不影响经济增长的前提下,推进生态文明建设、建设美丽中国是一项重大的系统工程,需要多种手段支持,其中包括运用市场经济手段。碳排放权交易机制,在本质上是属于基于"控制总量"为特征的环境经济政策,是运用市场机制激励企业采取节能减排措施,有助于国家实现结构调整和经济发展方式转变。党的十九大报告强调,坚持节约资源和保护环境的基本国策,实行最严格的生态环境保护制度,形成绿色发展方式和生活方式。同时提出"使市场在资源配置中起决定性作用,更好发挥政府作用",这为充分发挥市场在温室气体排放资源配置中的作用奠定了坚实的理论基础。2011 年,国家发展和改革委员会批准在北京、天津、上海、重庆、广东、湖北和深圳等七个省市进行碳排放权交易试点,以充分积累经验,发现和解决问题,为建设和实施全国碳排放权交易体系奠定基础。

(二)研究意义

1. 我国政府已提出了到 2030 年碳排放强度控制目标,如何

借助经济手段,在保证中国经济稳定增长的前提下,制定有效的政策机制来提高能源利用效率,降低二氧化碳排放强度,实现节能减排与经济发展相协调是一项重要的挑战。运用世界经济、政治经济学、环境经济学和制度经济学等基本理论和方法,探讨分析我国在节能减排和国际排放权交易中的现状和问题,借鉴欧盟等发达国家在温室气体排放权交易市场建设的经验,研究和设计我国的温室气体排放权交易机制以推动我国低成本高效实现节能减排目标显得很有必要。

2. 党的十九大报告明确提出坚持节约资源和保护环境的基本国策,并强调"使市场在资源配置中起决定性作用,更好发挥政府作用"。在落实生态文明建设,调整经济结构、转变经济发展方式,建设资源节约型、环境友好型社会的重要历史时期,积极探索包括排放权交易在内的气候环境治理机制创新,对生态文明的建设、经济发展方式的转变和实现可持续发展都具有十分重要的现实意义。

3. 有利于建立"后京都"时代、《巴黎协定》时代我国气候治理的政策和手段。虽然中国作为《京都议定书》非"附件一"国家,根据"共同但有区别的责任"原则,目前还无须承担强制性的碳减排义务。但中国目前正处于城市化、工业化加快发展的重要阶段,高碳石化能源消耗还将不断增长,温室气体排放还将呈现继续增长态势,作为全球二氧化碳排放最大的国家之一,在后京都时代,中国将面临国际社会和国内要求控制碳排放的巨大压力。2015年年底召开的巴黎气候大会达成了由 197 个缔约方通过的《巴黎协定》和一系列相关决议,为 2020 年后全球应对气候变化国际合作奠定了法律基础。2016 年 4 月 22 日,中国在联合国总部签署《巴黎协定》,十二届全国人大常委会于当年 9 月 3 日通过表决批准《巴黎协定》,进入实质性履约和实施阶段。因此探索后京都时代、《巴黎协定》时代中国在气候治理方面的政策和手段是一项较现实又带有前瞻性的课题。

4. 有利于推动我国在气候问题治理上的国际合作。国际温室气体排放权交易机制，包括 CDM，为发展中国家和发达国家在治理气候问题上提供了重要的合作途径。通过对国际碳排放权交易市场的发展经验总结和我国碳排放权交易机制创建探索研究，将有助于我国更深层次地推进国际气候合作，更好地发挥我国碳资源大国地位的作用。

第二节　排放权交易机制相关文献研究综述

排放权交易理论是环境经济学的一个重要基本理论和观点，最早由多伦多大学的约翰·戴尔斯于 1968 年在《污染、财富与价格》一书中提出，半个多世纪以来，这一基于市场机制的理论被很多国家政府用于环境治理领域，特别是经过美国、德国、澳大利亚、英国等国家相继进行了污染物排放权交易制度实践以后，污染物排放权交易已经发展成为受各国普遍关注的环境经济政策之一。由于温室效应导致人类面临气候变化引发的各种自然灾害，人类必须采取措施减少温室气体排放，排放权交易机制在《京都议定书》通过后也开始在气候问题治理上进行运用。目前中国在国内一些地方进行排放权交易的试点，与此同时有关排放权交易出现一大批研究成果，探讨的问题主要是从经济学的角度，对排放权交易机制的制度设计、排放权初始分配的效率、交易成本、经验介绍与可行性研究等方面开展了深入的研究。

一、国内关于物排放权交易的研究

我国对排放权探索研究始于 20 世纪 90 年代初国内治理污水和二氧化硫等污染物的排放问题，从国内相关著作和期刊发表的相关研究文献看，早期对排放交易市场的研究在很大程度上集中在对污染物排放权交易市场机制方面，而到了欧盟碳排放交易机制运行,特别是我国开始试运行碳排放交易机制后,才集中出现碳排放权交易市场机制的研究。总结起来,对排放权交易研究经历了从交易机制理论研究,国外经验介绍和可行性研究、国内试点案例和问题分析研究。

1. 排放权交易机制研究

在中国期刊和中文科技期刊全文数据库中,以"排放权交易"或"排污权交易"为题名或关键词检索,国内最早在期刊上发表的相关文章是湘潭大学唐受印《试论排污权交易机制研究》(1990)一文。该文对排污权交易的理论依据、实施过程及同排污收费的比较做了较系统的研究,并以美国的泡泡政策为例说明排污权交易对治理环境污染的可行性。在著作方面,20世纪90年代初期国内关于排污权交易方面的研究主要是从引进和翻译国外著作开始,其中由马中教授主持先后翻译出版的"RFF环境经济学丛书"中的一册《排污权交易——污染控制政策的改革》(泰坦伯格著),就是比较早的一部系统介绍排放权交易的著作,为国内研究排污放交易起到了很大的促进作用。

排放权交易体系主要由三部分构成:总量控制、排放权分配和排放权交易三个具体制度构成。由于早期我国在环境治理上传统偏向于政策手段及我国市场机制的触角还没有深入环境治理上,因此,我国学者对排污权交易体系的具体制度研究上,偏向于研究总量控制部分和排放权分配这两个方向。

(1)总量控制研究

国内较早全面总结总量控制与排污权交易理论与实践的著作是马中和杜丹德全合著的《总量控制与排放权交易》(1999)。该书立足于中国的环境、经济、政策背景,比较全面地探讨了中国现有政策体系与排放权交易的关系和合作的可能性。吴健著的《排污权交易——环境容量管理制度创新》(2005)则从环境容量管理制度创新的角度研究排污权交易,其思路本质上也是以总量控制为研究方向。宋国君深入分析了总量控制的含义和特点,具体讨论了实施总量控制和排污权交易的步骤。① 以上是国内早期较系统研究总量控制和排污权交易的代表性著作,也是国内研究排污权交易方向的主要参考书。从我国开始进行碳排放交易试点后,关于碳排放总量控制的理论著作开始出现。李兴峰从法学的视角探究如何运用总量控制进行温室气体减排,何艳秋分析了各个地区的碳减排责任,再在这些研究的基础上从各个地区最终需求出发,将我国能源二氧化碳总量控制目标进行了地区分解。这些文献为我国由碳强度控制过渡到碳总量控制奠定了理论基础,也为我国总量控制制度设计起到了很大借鉴意义。

(2) 排放权初始分配研究

初始排放权的分配问题不但是组建排放权交易市场的起点和基础,排放权初始分配的合理性关系到排污权交易制度的公平性,而且存在着一定技术和政治上的困难,因此是排放权交易制度实施过程中比较经常容易引起争论的一个焦点,也是研究排放权初始分配中比较热点的问题。目前国内外排放权初始分配的模式主要包括免费分配和有偿分配。对排放权的初始分配研究方向上,部分学者注重从保证公平性进行分配机制的设计。如唐邵玲、阳晓华对适用初始排放权拍卖的 4 种拍卖机制设计并实施了系列经济学实验。基于实验结果建议初始排放拍卖宜采用向上叫价时钟拍卖机制。袁溥、李宽强基于我国国情,以历史排放或现有排放量的免费分配为主、拍卖为辅的混合分配模式,逐步过渡到减少免费分配的比例、增加拍卖的比例,直至完全拍卖,可能是中国当下最佳策略选择。何梦舒提出将期权引入碳排放权的初始分配中,企业可以无偿分配一定比例的碳排放权配额及有偿获得碳期权。范德胜分析了市场体制下,祖父继承法、竞价法和产出标准法三种普遍认同的碳排放权初始分配方式中,受控排放源企业的成本收益结构、产品最优价格、边际产出的碳损益及

① 宋国君.总量控制与排污权交易[J].上海环境科学.2000(4):146-148.

企业净利润的波动比较。付强、郑长德考虑到我国的碳排放交易尚处在试点期间,试点范围较小,宜采取标杆法分配初始碳排放权。

（3）排放权交易机制研究

近年来,随着中国进行碳排放权交易试点,学者们围绕中国碳排放权交易机制设计,并且对当前中国碳排放交易体系试点区域进行市场效率评价,为在中国全面建立碳排放交易体系提供理论支撑。张跃军围绕碳交易市场建设过程中的碳配额分配、碳资产定价、碳市场风险管理及碳市场对减排的影响等关键问题进行研究。孙永平在我国的碳市场建设时期,全面、系统地介绍了碳排放权交易体系各个环节,包括总量设定、配额分配、MRV 体系建设、碳金融、履约与抵消机制、碳会计和碳资产管理等多个方面。陈惠珍以我国碳排放权交易试点的探索和国外相关的经验为借鉴,针对这一新型环保市场,提出系统化的交易和监管法律制度的总体设计。陈健华等对 7 个碳交易试点省市标准化工作的文献调研,以及对部分试点省市的实地访谈调研,梳理出试点认为优先的碳管理标准。闫云凤对我国参与全球碳排放权交易市场的经济—能源—气候系统的影响进行模拟评估。从而得出我国碳排放权交易市场构建的政策建议。赵黛青、王文军对广东省碳排放权交易试点机制进行解构与评估。

2. 排放权交易成本的分析

交易成本会影响排放权交易的积极效应,对排放权交易成本的分析也是排放权交易机制的一项重要内容。由于排放权交易在我国还没有大范围推广,我国学者比较少地从实践上分析排污权交易的成本对企业和社会福利的影响,主要还是结合初始分配进行理论分析,通过优化初始分配机制来减少成本。赵海霞在Stavins 等研究的基础上,进一步分析交易成本的存在对于分阶段引入排污权交易的最优化设计的影响。通过减少边际交易成本,才可以让排污权交易市场更为理想地达到建设排污权交易市场的社会目的,增加社会福利。① 胡民认为排放权交易制度的有效实施必须以降低市场交易成本为前提。交易成本由外生交易成本和内生交易成本两大部分构成,二者呈现此消彼长的关系。尽快建立排放权交易的法规,明确排放权的产权归属,降低排放权交易中的内生交易费用,是我国实施排放权交易的关键。② 陈立芸推导出天津碳排放权交易价格及交易后总成本的计算过程,比较 28 个行业参与碳排放权交易前后的成本变化情况。指出建立碳排放权交易市场能够实现节能减排和国家经济利益不受损害的双赢局面。

二、温室气体排放权交易机制研究

1. 对温室气体排放权分配机制的研究

我国对温室气体排放权交易机制的研究是始于 1997 年《京都议定书》通过后,由于《京都议定书》对各缔约国的碳排放权和减排义务进行了分配,其中分配方法的公平公正性当时在国际上存在比较激烈的争论,因此早期我国对碳排放权交易机制的研究是从碳排放权的分配机制开始的。徐玉高等认为全球气候合作机制需要建立在公正分配排放权的基础上,在考虑历史排放和不考虑历史排放的基准上,对按人口、按 GDP、按人口和 GDP 组合三个标准的分配机制,分析了不同的分配方法对发展中国家和发达国家的成本和利益的影响。除了对排放权的各种分配方法的利弊分析之外,我国学者另一个研究的重点是探讨一个较理想有利于全球各国利益特别是有利于中国的分配机制。③ 陈文颖提出两种综合人均碳排放量和 GDP 碳排放强度的碳权混合分配机

---

① 赵海霞.试析交易成本下的排污权交易的最优化设计[J].环境科学与技术,2006(5):45-47.

② 胡民.基于交易成本理论的排污权交易市场运行机制分析[J].理论探讨 2006(5):83-85.

③ 徐玉高,郭元,吴宗鑫.碳权分配:全球碳排放权交易及参与激励[J].数量经济技术经济研究,1997(3):73-77.

制,综合考虑公平、效率、全球收益这三方面的因素,认为以人均碳排放量为基础的混合分配方法和具有较大人口权重的混合分配方法是较理想的选择。并且在确定碳权交易价格的基础上,对全球碳权交易情况进行模拟,此外还分析了碳排放权交易对中国经济的影响及不同碳权分配机制对全球碳权交易收益的影响。[1]国务院发展研究中心课题组从"任何一国均没有无偿对他国施加净外部危害的权利"的原则出发,设定出一个界定各国温室气体排放权的理论框架。认为只有按人均相等的原则来界定各国历史累计排放权和未来初始排放权,各国的排放才不会对他国产生净外部危害。沿着"界定各国排放权→国际排放权交易→全球减排资源最优化配置"的理论思路形成解决方案,各国在其初始排放权的基础上进行排放权交易,全球减排放资源就可以得到最优配置。[2]

2. 对碳排放权交易机制作用和可行性方面的研究

为了推动排放权交易在中国的应用提供充分的理论支持,对排放权交易机制对经济、环境和社会的积极效应研究是很有必要的。曲如晓在开放经济下,若真实收入的边际损失弹性大于1,两国之间的排放交易将导致世界温室气体排放的减少。目前国际上已形成多个碳排放权交易市场,但是各个交易市场之间流动性差,有待进一步完善。[3]赵春玲通过对排污权交易的经济效率分析,说明在我国全面推行排污权交易制度的必要性,并致力于构建一套符合经济效率的、适合中国国情的、能对企业减排具有

---

① 陈文颖,吴宗鑫.碳排放权分配与碳排放权交易[J].清华大学学报(自然科学版),1998(12):15-18.

② 国务院发展研究中心课题组.全球温室气体减排:理论框架和解决方案[J].经济研究,2009(3):4-13.

③ 曲如晓,吴洁.碳排放权交易的环境效应及对策研究[J].北京师范大学学报(社科版),2009(6):127-134.

激励作用的排污权交易制度框架。①

对于碳排放权交易机制作用的研究有部分学者从碳排放权交易与碳税的比较角度进行。王金南和曹乐是比较早从对排放许可证交易和国际碳税政策进行深入分析并提出我国温室气体减排政策的学者。② 张健等通过对 2006 年农业、矿业、能源、制造和服务业在碳税和排放权交易机制的假设前提下，进行模拟计算。应用可计算一般均衡模型（CGE）和 Cheng F. Lee 得出碳税与碳排放权交易机制对中国各行业的综合影响。无论是碳税的征收还是碳排放权交易机制的实行，都会对经济发展速度和结构平衡会产生很大的影响。结果表明，合理的碳交易机制可以在一定程度上缓解间接碳税对中国能源行业的影响，并且以溯往原则作为碳排放权配额分配方式更符合中国的经济现状。③ 刘小川等分析了碳税、一般排放权交易体系、复合排放权交易体系、补贴、政府规制这五种二氧化碳减排政策工具各自的特点，然后对其作用的范围、借助市场力量的方式、减排成本的确定性和可预测性、管理成本的大小、对收入分配的影响及政治上的可接受性做了对比分析。在此基础上，文章提出了二氧化碳减排措施的优化选择及实施战略：近期应以排放权交易体系为主，逐步过渡到以碳税为主体的减排政策体系。④ 王宪明的《中国碳排放权交易的可行性分析》分析了中国建立碳排放权交易已具备的条件。⑤

① 赵春玲，张国政，郁维. 基于低碳经济视角下排污权交易的经济效率分析[J]. 南京财经大学学报，2010(3)：8 - 11.

② 王金南，曹东. 减排温室气体的经济手段：许可证交易和税收政策[J]. 中国环境科学，1998，18(1)：16 - 20.

③ 张健，廖胡，梁钦锋，等. 碳税与碳排放权交易对中国各行业的影响[J]. 现代化工，2009(6)：77 - 82.

④ 刘小川，汪曾涛. 二氧化碳减排政策比较以及我国的优化选择[J]. 上海财经大学学报，2009(4)：73 - 80.

⑤ 王宪明. 中国碳排放权交易的可行性分析[J]. 国家行政学院学报，2009(6)：23 - 26.

庞韬等人指出我国 7 个碳排放权交易试点体系的企业纳入门槛较低,覆盖的排放量较小,不利于充分发挥碳排放权交易降低实现减排目标的社会总成本的作用。连接我国不同的碳排放权交易试点体系,可以扩大覆盖的温室气体排放总量,降低连接区域减排目标的总社会成本,有利于解决"碳泄漏"问题,并减少碳指标价格的波动。

3. 对欧盟温室气体排放权交易市场的研究

由于发达国家较早建立起了温室气体排放交易市场,因此借鉴国际温室气体排放权交易市场的经验,是我国探索和建立排放权交易市场的一个重要途径。欧盟在温室气体排放权交易市场建设中处于领先地位,因此我国学者较关注于对欧盟经验的借鉴。如涂毅,李布,杨志等都对欧盟温室气体排放权交易市场的运营机制和市场运行状况进行了分析和评价,从中总结出值得借鉴的经验。①②③ 张敏思等人对进入第三阶段欧盟排放交易体系(European Union Emission Trading Scheme,简称 EUETS)在运行上出现的一系列问题进行分析,并为我国开展碳排放权交易工作提出相关建议。

三、关于清洁发展机制(CDM)在中国的发展现状研究

清洁发展机制(CDM)项目在中国的发展已成为全球的碳市场中重要的组成部分,对 CDM 在中国的发展现状与前景进行研究,将对国际社会基于项目级的减排合作提供了良好的经验与借鉴。随着清洁发展机制在我国的快速发展,有关清洁发展机制在我国的发展现状研究也不断增多,目前对清洁发展机制进行研究

① 涂毅.国际温室气体(碳)排放权市场的发展及其启示[J].江西财经大学学报,2008(5):15-19.
② 李布.借鉴欧盟碳排放交易经验构建中国碳排放交易体系[J].中国发展观察,2010(1):55-58.
③ 杨志,陈军.应对气候变化:欧盟的实现机制——温室气体排放权交易体系[J].内蒙古大学学报(哲学社科版),2010(5):5-11.

的有从事生态经济、循环经济、世界经济、环境保护及国际法等理论研究工作者和主要从事 CDM 项目开发的实践研究人员。

1. 清洁发展机制（CDM）在中国的发展现状研究

清洁发展机制建立的初衷除了帮助发达国家更有效地实现《京都议定书》所规定的任务外，另一个重要的目的就是促进发展中国家可持续发展。由于中国是京都机制下 CDM 项目的最大供应国，中国通过 CDM 项目吸收了发达国家的资金技术，推动了我国节能环保项目和产业的发展，同时也给我国企业和国家带来了一定的收益。但另一方面中国在 CDM 项目市场上存在着如下问题：国际影响和定价地位较弱、项目注册成功率和签发率低、CDM 项目综合效益不高及地方政府和企业对碳交易认识不足等。肖慈方和王洪雅从经核实的减排额度（Certified Emission Reduction，简称 CER）的定价，CDM 项目注册成功率和签发率，综合效益不高和中国对 CDM 相关的国际规则影响不够方面分析，认为中国目前对 CDM 的利用效率非常低下。林黎认为由于政府促进政策缺乏和企业重视不够等原因，使 CDM 在我国的发展现状呈现出区域分布不平衡，项目构成单一的特点。[①] 李静云通过分析中国开展 CDM 项目的现状和潜力，认为中国具有开展 CDM 项目的优势，各级政府和国内相关企业应抓住 CDM 项目机遇，熟悉 CDM 项目申报的程序规则；他指出为了进一步推进清洁发展机制在中国的实施，应尽快加强和完善推进清洁发展机制在中国实施的法律保障。[②]

在发展现状分析中有些学者对 CDM 项目在中国发展过程出现的各种障碍和有可能出现的风险进行了分析。张永毅认为由于《京都议定书》内容的不确定性及 CDM 规则的含糊性，导致参与 CDM 项目的投资者与项目业主都面临各种各样的风险。

① 林黎.我国清洁发展机制的现状及问题[J].城市发展研究,2010,17(2):68-72.

② 李静云,别涛.清洁发展机制及其在中国实施的法律保障[J].中国地质大学学报(社会科学版),2008(1):45-49.

投资者的风险主要来自发展中国家的政治风险及 CDM 规则隐含的投资风险；项目业主的风险则主要是对市场缺乏清晰的了解与判断。[①] 郑思海、王宪明通过介绍 CDM 国际合作中涉及的主要技术和《联合国气候变化框架公约》下的技术转让规则，认为当前中国 CDM 发展过程存在着资金、政策、交易成本等五种技术转让障碍。[②]

2. 清洁发展机制(CDM)在中国的发展前景和对策研究

由于我国减排责任的国际压力逐渐增大，2012 年《京都议定书》即将到期，国际合作的不确定性，特别是全球金融危机影响和哥本哈根会议的模糊成果，更加剧了对清洁发展机制(CDM)前景的担忧。一些国内学者也开始对我国 CDM 的发展前景和进一步发展的对策提出了自己的观点。王玉海、潘绍明认为我国碳交易市场的发展还很不完善，存在着碳排放权交易价格过低的问题。作为一种战略性的资源，碳排放权的低价出售可能会给我国带来风险。受金融危机的影响，我国碳交易市场短期内经历低谷，但长期看前景依然乐观。因此应加强碳交易方法学研究，尽快培养碳交易专门人才，加快相关中介咨询、金融服务机构的建设，尤其要部署争取碳交易市场的定价权。[③] 刘铮、陈波(2009)则认为目前 CDM 的发展尽管很快，但却不存在继续大规模扩张的基础和条件。中国碳市场的发展不能依赖于 CDM，CDM 也不可能成为中国发展低碳经济的主要工具。中国如果要参与碳市场的构建，要通过金融手段引导低碳经济的发展，则必须建设自

---

① 张永毅.清洁发展机制(CDM)下投资者与项目业主的风险探讨[J].西南农业大学学报(社会科学版),2009,7(2):50-54.

② 郑思海,王宪明.国际合作中的技术交流障碍与对策研究[J].特区经济,2010(2):234-236.

③ 王玉海,潘绍明.金融危机背景下中国碳交易市场现状和趋势[J].经济理论与经济管理,2009(11):57-63.

身独立的减排标准和交易系统,并与经济模式的转型有机结合起来。① 曾少军认为面对国际气候合作的不确定前景,中国的碳减排则面临着迷茫和为取得竞争优势而储备的两种发展态势。中国碳减排业界应及早规划,从单一 CDM 业务转向多元化的减排管理业务,规避行业风险,寻求可持续发展。②

四、国外对欧盟碳排放权交易机制的研究

EU ETS 的建立和运行不仅为欧盟各国实现京都议定的任务提供帮助,并且对 ETS 机制所覆盖的行业和企业的碳减排,竞争力,能源电力价格,技术创新和投资都产生不同的影响,甚至对全球的碳市场和其他发达国家建立排放交易机制和市场都产生了影响。国外对欧盟排放交易机制的研究比国内更加全面和具体。

1. 欧盟排放权交易机制对碳减排作用的研究

国外关于欧盟排放权交易机制对欧盟碳减排的影响分析可分为两种观点:一种认为是积极的;一种认为至今为止没有起到任何作用甚至还有一些负面的影响。

世界银行在《2010 年碳市场现状和趋势》的报告中,对欧盟碳排放权交易机制的成功做了归纳。该报告认为这个机制在实现碳减排目标上是成功的,欧盟在 2005—2007 年试验期每年 2%～5% 的碳减排应该归功于 ETS。当配额价格上涨时,ETS 在 2008 年碳减排贡献就更大了。③ 以问卷调查为特色的点碳公司(Point Carbon)在 2010 年的市场调查报告中提到,近几年来一

---

① 刘铮,陈波.清洁发展机制的局限性和系统风险提示[J].广东社会科学,2009 (6):50-56.

② 曾少军.碳减排:中国经验——基于清洁发展机制的考察[M].北京:社会科学文献出版社,2010(5).

③ World Bank. State and Trends of the Carbon Market 2010[R/OL], 2010(5). http://www.worldbank.org.

直保持有 42%~47%的受访者认为在减少碳排放上，EU ETS 是最具成本效益的方法，更重要的是，2010 年首次超过一半受访者说，欧盟排放交易体制已导致他们公司的碳减排。[①] Ellerman 等认为从 2005 年和 2006 年的数据来看 EU ETS 是产生一定数量减排的，考虑到这个机制刚开始运行，虽然数量不多，但却是令人惊讶的。这种减排效果还不明显是因为初始分配的配额过量，数据显示二氧化碳实际排放量低于已分配的配额 3%。[②]

为了实现气候政策预期目标，欧盟各国使用了各种政策手段，出现了 ETS 机制和其他减排政策手段重叠现象，导致一些负面的效用。Christoph Böhringe 等通过调查那些由于税收和 ETS 重叠影响带来的潜在效率损失者，认为在有能源税或排放税的行业遇到 ETS 机制后，不存在环境效益，反而会增加额外总体义务成本。[③] Seiji Ikkata 等人认为 EU ETS 刚建之初出现以下问题：配额的过量分配、分配机制没有考虑行业之间和地区之间的公平性、国家分配计划（NAP）持续时间太短及不确性，这些都使得企业很难执行长期的减排投资计划，阻碍了对碳减排的激励。[④]

在评价 EU ETS 第一阶段时还有一种观点认为，由于是试验阶段，不要过于强调其碳减排效应。欧盟 ETS 运行初期没有

① POINT CARBON. Carbon 2010［R/OL］. 2010（3）. http：//www.pointcarbon. com.

② ELLERMAN A D, BUCHNER B K. Over-Allocation or Abatement? A Preliminary Analysis of the EU ETS Based on the 2005－06 Emissions Data［J］. Environ Resource Econ，2008（41）：267－287.

③ CHRISTOPH BÖHRINGE, HENRIKE KOSCHEL, MOSLENER. Efficiency losses from overlapping regulation of EUcarbon emissions［J］. J Regul Econ，2008（33）：299－317.

④ SEIJI IKKATA, DAISKE ISHIKAWA, KENGO SASAKI. Effect of the European Union Emission Trading Scheme (EU ETS) on companies：Interviews with European companies［R/OL］. 2008（8）. http：//www. kier. kyoto-u. ac. jp/DP/DP660. pdf.

产生碳减排效应,但在建立排放交易机制的基础设施和经验积累上,及对 ETS 以后阶段的运作都会产生积极的影响。美国皮尤(Pew)全球气候变化研究中心在 2008 年提交的一份报告中就阐述了这样的观点。①

2. 欧盟排放权交易机制对企业成本和竞争力的影响研究

EU ETS 实施,会直接给企业带来额外的碳成本及各种管理费用,使 ETS 所覆盖的行业和企业的竞争力受到削弱,就业受到影响,因此国外特别是欧盟国家的学者对这方面的研究关注较多。

很多学者在 ETS 机制还没运行之前就开始关注 ETS 对企业竞争力的影响,但由于 ETS2005 年才开始试运行,在此之前没有官方的排放数据可利用,因此早期的文章都是偏重于理论性的研究。如 Joachim Schleich 和 Regina Betz 分析了 EU ETS 各种交易成本如申请配额费,注册、监管、验证等费用,及寻找减排项目的费用和控制碳风险的费用,这些费用对中小企业的影响,并建议认真评估对中小企业的业绩影响。②

同 ETS 对碳减排的影响分析一样,对竞争力的影响分析方面也存在着两种观点。一种观点认为 EU ETS 不会导致企业竞争力的减弱,即使 ETS 对竞争力有负面影响,这种影响也是很小的。如 Ulrich Oberndorfer 等人的观点很明确认为 ETS 并不是设计来推动欧洲经济发展的,它设计的目的是确保欧盟到 2012 年以最小的成本使二氧化碳减排到《京都议定书》中承诺的水平,不负责欧盟竞争力的减弱,因此当然也不是就业的杀手。不过即使同照常(BAU)情景相对比,ETS 在所有存在的负面影响方面

---

① ELLERMAN A D, JOSKOW P L. The European Union's Emissions Trading System in Perspective. Prepared for the Pew Center on Global Climate Change[R/OL]. 2008(6). http://www.pewclimate.org/docUploads/EU-ETS-In-Perspective-Report.pdf.

② JOACHIM SCHLEICH, REGINA BETZ. EU Emissions Trading and Transaction Costs for Small and Medium Sized Companies[J]. Intereconomics, 2004(5/6):121-123.

都是很轻的。并且同其他管制情景对比,ETS 能获得重要的竞争力,不论是环境税还是其他手段都没有比 ETS 表现起来更积极的就业影响力。在完成《京都议定书》任务的情况下,实施 ETS 要比没有 ETS 情景下获得更低的成本。[①]

另外一种观点是认为 ETS 会给欧盟一些相关的行业和企业带来负面的影响,只是这种负面影响的程度在不同行业和企业会表现不同;这方面的研究注重结合具体行业,对 EU ETS 的竞争力影响进行实证分析。Robin Smalel 等人运用古诺的寡头市场代表性模型分析了 ETS 对五个能源密集型行业的影响:水泥、新闻纸、钢铁、铝和石油行业。通过填充经验数据对模型进行计算,分三种将来排放价格情景进行论证。结果表明,大多数参加行业将有望在一般情景下获得利润,但钢铁和水泥行业在市场占有率上会有适度的损失,铝产业会造成停产。[②] Ponssard 等人通过寡头竞争模型,分析了欧盟排放贸易机制和运输问题对一个水泥生产商的生产决策和盈利能力的影响。并假设在纯拍卖配额和欧盟的二氧化碳价格范围涨至 50 欧元/吨的情景,模型预测到欧盟沿海地区的进口将大量增加,而欧盟内地生产商的吸引力会因此降低。边界调整可防止碳泄漏,但有可能被视为对非欧盟国家的保护主义措施。[③]

在有关 EU ETS 对行业竞争力的影响所导致的碳泄漏问题分析上,相关研究文献也颇丰富。Raimund Bleischwitz 探索 EU ETS

① OBERNDORFER U, RENNINGS K, SAHIN B. The Impacts of the European Emissions Trading Scheme on Competitiveness and Employment in Europe-a Literature Review[R/OL]. Center for European Economic Research Mannheim, 2006 (5). http://www. wwf. fi/wwf/www/uploads/pdf/clearingthemist_fullreport_june2006. pdf.

② SMALEL R, HARTLEY M, HEPBURN C, et al. The impact of CO_2 emissions trading on firm profits and market prices[J].Climate Policy,2006(6): 29-46.

③ PONSSARD J P, WALKER N. EU Emissions Trading and the cement sector: a spatial competition analysis[J]. Climate Policy,2008(8): 467-493.

可能对欧洲工业产生的可持续发展影响。认为由于行业和设施间的配额分配问题仍存在，如果配额价格在 30 欧元以上，受 EU ETS 实施成本影响较大的行业有水泥、铝和钢铁行业，这些行业可能同国外竞争上就会存在劣势，造成能源密集型产业搬迁。Verena Graichen 等人也认为由于 EU ETS 所导致的直接和间接成本的增加，化肥、水泥、铝和钢铁等这些产业所受的影响最大，这些行业面临着国际竞争的风险而可能会导致碳泄漏。为了保持国际竞争力，欧盟应该协调分配规则，如对这些行业实行最低数量的拍卖机制是很有必要的。[①]

3. 欧盟排放权交易机制对其他排放交易市场的影响

这类文献主要是分析 EU ETS 市场发展对其他排放交易市场和全球碳市场发展的影响，以及 EU ETS 运行的经验教训对其他国家探索建立排放交易市场的影响。

许多研究都认为，EU ETS 市场的发展促进了京都机制下的温室气体排放贸易市场的发展。世界银行认为 EU ETS 市场对京都议定书下的贸易机制产生了积极的影响。从市场数据分析来看，从 2005 年 EU ETS 试运行开始，通过京都机制下的 CDM 项目所实现的 CER 和通过联合履行（Joint Implemention，简称 JI）项目方式获得的减排单位（Certified Emission Unit，简称 ERU）成交量都急剧放大，价格不断提高，虽然从 2008 年起受金融危机影响，抵消市场的项目有所萎缩，但仍比 2005 年之前的成交量要大。此外，CDM 项目和 JI 项目的购买者 86% 是欧盟国家下的需求者。因此，EU ETS 推动了全球碳市场的发展，是全球碳市场的引擎。[②]

---

① GRAICHEN V, FELIX C, MATTHES L, et al. Research Gate Impacts of the EU ETS on industrial competitiveness in Germany[C/OL].2009(1). http://www. nccr-climate. unibe. ch/conferences/climate_ policies/working_ papers/Mohr.pdf.

② World Bank. State and Trends of the Carbon Market 2010[R/OL]. 2010(5). http://www.worldbank.org.

EU ETS 的建立是为帮助成员国完成在《京都议定书》中承诺的减排任务,那么 EU ETS 与《京都议定书》下的三种交易机制①之间的互动特征到目前为止是协同还是破坏呢? Jorgen Wettestad 讨论了基于公司的 EU ETS 与基于国家的国际气候制度特别是《京都议定书》之间,发展中的互动效应和跨范围学习的影响。作为源的《京都议定书》和作为目标的 EU ETS,在欧盟 ETS 开始运行后,EU ETS 的发展便导致了 CDM 更迅速和更广泛的发展。更深远的意义是,EU ETS 可能扮演了对建设新兴全球碳市场的示范作用,而这些都具有协同性特征。最后作为跨范围的学习效应,2012 年后全球排放交易机制由于 EU ETS 发展经验可避免相关配额分配过程的缺陷,但是这种学习和推广的潜力效应不应该被夸大。②

EU ETS 的运行对各国探讨建设 ETS 也起着正面积极的影响。Joseph Kruger、Michael R. King 和 Leslie Nielson 分别总结了 EU ETS 的发展及试验期的经验为美国、加拿大和澳大利亚提供的经验教训。③④⑤ 由于有欧盟的经验学习,这些国家可以避免欧盟碳市场所出现的价格波动和不确定性,也可以同时从有效的交易机制中受益,有助于这些国家的福利受益。欧洲的经验表

---

① 这三种机制是:清洁发展机制(CDM),联合履行机制(JI)和排放贸易机制(ET)。

② WETTESTAD J. Interaction between EU carbon trading and the international climate regime:synergies and learning[J]. Int Environ Agreements,2009(9):393 - 408.

③ KRUGER J,OATES W E,PIZER W A. Decentralization in the EU Emissions Trading Scheme and Lessons for Global Policy[J/OL]. Scm Electronic Journal,2007(2). http://www.rff.org/documents/RFF - DP - 07 - 02.pdf.

④ KING M R. An Overview of Carbon Markets and Emissions Trading:Lessons for Canada[R/OL]. (2008 - 01 - 01). http://www.bank-banque-canada.ca/en/res/dp/2008/dp08 - 1.pdf.

⑤ Nielson L. The European Emissions Trading System—lessons for Australia[EB/OL]. (2008 - 08 - 20)[2008 - 09 - 09]. http://www.aph.gov.au/library/pubs/rp/2008 - 09/09rp03.htm.

明,最好的可以是好的敌人,欧盟在第一阶段可以说是从操作一个有严重缺陷的排放交易机制中取得了有价值的减排,获得了有意义的经验。正如 Leslie Nielson(2008)在文中所表达的一样,如果澳大利亚一直在等待设计一个完美的机制,将有可能丢失类似欧盟这样有价值的成果。

建立排放权交易机制和建设排放权交易市场是控制碳排放的一个重要市场手段,但也会给 ETS 覆盖下的企业和行业带来不同的影响。从欧盟开始讨论是否建立 ETS 到 ETS 试运行和正式运行,都充满着争议;从国外学者相关研究文献中可以看出,在 EU ETS 的影响分析中不可避免地存在着不同立场的观点,甚至有些方面是对立的观点。因此包括 ETS 机制在内的各项减排政策工具的推行,由于影响面广,涉及不同方面的利益,必定是一项复杂,充满矛盾的过程。

五、国内外研究述评

1. 从研究内容上看,国外对于排放权交易机制方面的研究相对比较具体和深入。研究内容的当前热点和将来的发展方向都是与排放权交易机制实施中的实际问题息息相关的,并能针对实际问题的解决提出建设性意见。而我国对排放权交易机制的研究虽然取得了一定成果,在深度和广度上都同国外同期研究有很大差距,很大程度处于探索和借鉴阶段,对实际问题的解决方案探讨较少,因此在这方面的研究亟待进一步提高,只有这样才能适应我国排放权交易市场建设发展的需要。

2. 从研究方法上看,由于国外早期缺乏官方的排放数据,因此国外早期这类研究较注重理论性研究,而从 2006 年欧盟市场排放数据开始公布后,实证性的研究开始逐渐增多。从国外的研究文献中可以看出,提供实时准确的市场数据信息,不仅有助于市场研究,也是企业投资的向导,同时对碳排放市场的稳定性也会起到非常重要的影响作用。而我国排污权交易还处于试点阶段,企业缺乏排放数据,实证性研究很难展开。

3. 从研究对象上看,国外关于排放权交易机制研究既重视对宏观面的影响研究,更重视对微观企业成本效益和竞争力的影响研究;由于发达国家相比较发展中国家碳减排成本更高,碳排放权交易机制对相关一些企业和行业影响较大,如果一开始即实施较严格的排放控制措施,可能会导致某些行业竞争力下降,甚至出现碳泄漏现象。而我国在排放权交易机制研究上则偏向于宏观上的研究,对企业的减排绩效、经营成本和竞争力的影响研究则很缺乏。

基于此,本书将从国别经济比较研究的视角入手,较系统地分析排放权交易机制的原理,通过对清洁发展机制和欧盟碳排放权交易机制实施的绩效分析,利用相关已公布的碳排放数据,从碳减排、低碳技术产业的投资与碳交易市场的发展及企业实施排放权交易机制成本负担的影响研究上,总结出发达国家特别是欧盟在碳排放权交易机制和交易市场建设中的经验和教训,结合我国在碳排放权交易实践探索中的问题和不足,提出建立和发展我国碳排放权交易机制和交易市场的对策。

第三节　研究方法、研究思路及概念界定

一、研究方法

1. 规范分析与实证分析相结合的方法。对气候问题与大气容量资源、大气容量资源与碳排放权、碳排放权与碳排放权交易机制的内在关系等研究,综合运用规范分析和理论实证方法;而对欧盟碳排放权交易市场绩效分析则运用理论分析和经验实证方法。

2. 定性分析与定量分析相结合的方法。对相关理论的阐述、中国建立碳排放交易机制和交易市场的路径和具体制度等运用

定性分析方法,而在研究分析欧盟碳排放交易市场绩效分析和影响时,则运用定量分析方法。

3. 比较分析方法。对控制碳排放的直接管制手段和经济手段的优劣势比较,中国污染物排放权交易机制与欧盟碳排放权交易机制的差距比较运用了比较分析方法。

二、研究思路和技术路线

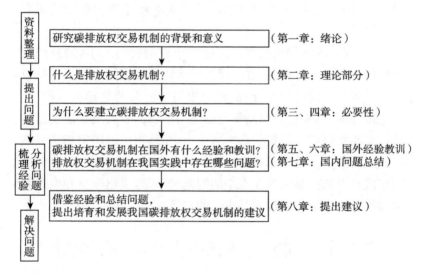

图 1-1 研究思路和技术路线

三、碳排放权交易机制的相关概念

1. 碳排放

碳排放是二氧化碳排放的简称。由于生产和生活消费的化石燃料是有机碳氢化合物,如果在燃烧过程中没有与空气中的氧气发生燃烧化学反应,就会向大气层排放二氧化碳。而二氧化碳是对全球大气环境有危害的温室气体之一。

温室气体指的是大气中能吸收地面反射的太阳辐射,并重新发射辐射的一些气体,它们的作用是使地球表面变得更暖,类似于温室截留太阳辐射,并加热温室内空气的作用。这种温室气体使地球变得更温暖的影响称为"温室效应"。1997年于日本京都召开的《联合国气候变化框架公约》第三次缔约国大会中所通过的《京都议定书》,针对六种温室气体进行削减,这六种温室气体是:二氧化碳(CO_2)、甲烷(CH_4)、氧化亚氮(N_2O)、氢氟碳化物(HFCs)、全氟碳化物(PFCs)及六氟化硫(SF_6)。由于对全球升温的贡献百分比来说,二氧化碳由于含量较多,所占的比例也最大,约为55%。国际惯例是将其他温室气体折算成二氧化碳当量来计算最终的排放量,因此国际上把温室气体排放简称为"碳排放",把温室气体排放权交易简称为"碳排放交易"或"碳交易"。

2. 碳排放权和污染物排放权

碳排放权概念来自污染物排放权,是指合法污染物——温室气体排放的权利。早期我国把二氧化硫(SO_2)、化学需氧量(COD)定义为主要污染物,把二氧化硫和化学需氧量的排放权称为污染物排放权(简称为排污权),因此在我国,一般所指的排污权并不包含碳排放权或温室气体排放权。排放权一般以排放许可证的形式出现。

3. 碳排放权交易市场

是指由相关经济主体根据法律规定依法买卖温室气体排放权指标的标准化市场。在碳排放权交易市场上,碳排放主体从其自身利益出发自主决定其减排程度以及买入和卖出排放权的决策。既包括排放权配额交易市场,也包括开发可产生额外排放权的项目交易市场及排放权相关的各种衍生碳产品交易市场。

四、可能的创新和不足之处

1. 创新之处

(1) 排放权交易机制在欧美发达国家已经较早地进行了探索和实践,我国学者也有些文章涉及介绍欧美发达国家排放权交易机制的经验和启示,但本书在研究了排放权交易机制产生的理论基础和现实基础上,首次较系统地分析了我国建立碳排放权交易机制的必要性和可行性,并在总结欧盟碳排放权交易机制和我国排放权交易实践的经验与不足后,提出了符合我国国情的碳排放权交易机制和交易市场的建设路径与具体保障措施。

(2)首次从国别经济角度对欧盟碳排放权交易机制与我排放权交易机制进行了比较研究,明确指出我国在排放权交易机制设计和发展上的不足。

(3)从已有的研究成果看,国内学者对国外碳排放交易市场主要集中在对其机制分析和对国内的启示上,缺乏对碳排放权交易机制的经济和环境绩效影响分析。本书不仅分析了欧盟的碳排放权交易的市场机制的主要内容,还通过阐述欧盟实施碳排放交易的历程,着重分析了欧盟碳排放权交易机制实施的效果和影响,特别分析了排放权交易机制实施对不同企业的影响,以提高中国借鉴欧盟经验的可靠性。

2. 研究的不足之处

无法对欧美发达国家的碳排放权交易市场做实地调查,从而无法获取一些更具体的数据作为本书观点的支撑。其次,由于近年来许多国家包括美国、日本、澳大利亚、加拿大、韩国和印度等国也在建立或筹建碳排放权交易机制,然而由于在自愿排放交易市场,特别是关于发展中国家碳交易市场方面的资料较缺乏,无法做到对多个国家进行实证分析,可能会导致书中的一些观点有失偏颇。

第二章　碳排放权交易机制相关理论分析

资源配置是经济学研究中的重要问题,大气环境容量资源合理配置使用关系到全球气候问题的治理效果。马克思劳动价值理论、环境与自然资源经济学理论和制度经济学产权理论是温室气体排放权交易机制的理论基础。因此,本章通过相关理论的分析,剖析了全球气候变暖问题产生的根本原因,明确了大气环境容量资源的经济属性和温室气体排放权界定;分析了温室气体排放权交易机制的内涵、体系构成和作用机理;比较了各种减排手段的优劣势,提出我国在气候治理政策上应采取的合理策略。

第一节　碳排放权交易机制的理论基础

一、劳动价值理论

自然资源是一切能为人类提供生存、发展、享受的物质条件。马克思认为,劳动是价值的源泉;由具体劳动创造的使用价值是商品的自然属性;由抽象劳动创造的价值是商品的社会属性。因此,未经人类劳动加工开发的原生的自然资源当然不存在人类抽象劳动所创造的价值。马克思指出,如果自然资源"本身不是人类劳动的产品,那么它就不会把任何价值转给产品。它的作用只是形成使用价值,而不形成交换价值,一切未经人的协助就天然存在的生产资料,如土地、风、水、矿脉中的铁、原始森林的树木等,都是这样"①。

但马克思从来没有说过没有价值的东西就不能有价格,就不能采用商品的形式。未经开发的自然资源无价值,但却可以有价格。马克思指出:"价格形式不仅可能引起价值和价格之间,即价值量和它的货币表现之间量的不一致,而且能够包藏一个质的矛盾,以致货币虽然只是商品的价值形式,但价格可以完全不是价值的表现。有些东西本身并不是商品,例如良心、名誉等,但是也可以被它们所有者出卖换取金钱,并通过它们的价格,取得商品的形式。因此,没有价值的东西在形式上可以具有价格,在这里,价格表现是虚幻的。"②这说明有些商品形式没有价值,也可以有价格。

经济学家陈征教授认为未经人类劳动加工开采的原生的自然资源是有价格、无价值的,这种价格是"想象的价格",是"虚幻的价格",是"虚假的价值",是由于它的稀少性、垄断性和不可或缺性,或由一些非常偶然的情况来决定;但是归根结底,必须要归于所有权问题,即产权问题。如该自然资源不属于某人、某单位所有,无权将其买卖,当然也不会形成价格。原生的自然资源无价值但有价格,最终归因于资源的所有权问题。③ 因此,没有价值的自然资源可以有价格,这种价格不一定是价值的货币表现,而是一定生产关系的产物。决定的关键是所有权问题,也就是产权问题,以及经济体制问题,还有科学技术的发展程度对自然资源认识和利用的程度问题。我们不可能在产权不明晰的情况下能合理地买卖自然资源,资源无价格对于浪费和破坏资源有一定

---

① 马克思恩格斯全集(第23卷)[M].北京:人民出版社,1972:230.

② 马克思恩格斯全集(第23卷)[M].北京:人民出版社,1972:120-121.

③ 陈征.劳动和劳动价值论的运用和发展[M].北京:高等教育出版社,2005:197.

的影响,不利于完善市场经济,科学利用资源,促进经济稳定增长。[①]

过去大气环境容量资源由于其公共特品属性导致产权不明晰、权责不明,没有人给它确定一个价格,也没有资源保护的激励和压力。各国从自身利益最大化出发,都竞相无限制地排放温室气体,导致大气环境容量资源过度使用,超过其承载服务能力而导致温室效应。

二、稀缺性理论

经济学意义上的稀缺是指相对于既定时期或时点上的人类需要,生产资源是有限的。确切地说,生产资源稀缺性,既不是指这种资源是不可再生的或可以耗尽的,也与这种资源绝对量的大小无关,而是在给定的时期内,与需要相比较,其供给量是相对不足的。稀缺概括起来有以下几方面的特性。

(1)稀缺的相对性。稀缺本身是一个相对的概念,它是相对于人类的需要或欲望而言的。就自然界来说,它提供的资源都是有限的,而人类的需求和欲望是无限的。

(2)稀缺的差异性。在不同的地区,作为资源总体或某些资源的相对稀缺程度是不一样的。这种差异性是由客观地理条件的不同而导致的资源分布的不均衡决定的。

(3)稀缺的绝对性。稀缺的绝对性具有两方面的含义:首先,稀缺是自有人类社会以来就普遍存在的客观现实,它存在于一切时代和一切社会;其次,稀缺是大自然所提供的各种资源的共同属性。

(4)稀缺的变动性。是指在供给或需求一定的情况下,由于供给或需求强度的变化而导致的各种资源相对稀缺程度的变化。

---

① 陈征.劳动和劳动价值论的运用和发展[M].北京:高等教育出版社,2005:200-201.

它是由供给或需求强度的变化决定的。

人类因生产和生活消费需要向大气层排放温室气体的需求是无限的,而大气层中可容纳的温室气体数量是有限的,大气环境容量的服务功能也是非常有限的,正是这一有限性的存在使得温室气体的排放容量空间资源具有了稀缺性的特点。

三、外部性理论

外部性也称作外部经济、外部效应,是某一经济主体的活动对他人或对环境造成了影响,但又未将这些影响计入市场交易的成本与价格之中。由于这种影响是处于市场交易或价格体系之外,故称为外部性。用数学语言描述就是:$Y = Af(x_i, Z)$。Y 表示某一经济主体的产出或效用函数,它不仅依赖于自身的一系列的活动 x_i,还依赖于该主体不能控制的外部因素 Z,而且该经济主体又没有因此向 Z 提供报酬或索取补偿。[①]

最早注意外部性问题的是西奇威克(Sidgwick),在他的《政治经济学原理》中就已经提及私人产品和社会产品的不一致问题,并以建造灯塔为例来说明这种不一致,同时提出需要政府进行干涉。接着马歇尔(Marshall)首次提出"外部经济"和"内部经济"的概念;在基于西奇威克和马歇尔所做的开创性研究基础上,福利经济学创始人庇古运用边际分析方法,通过分析边际私人净产值与边际社会净产值的背离来分析外部性,最终形成了外部性理论。边际私人净产值与边际社会净产值会存在两种背离可能:一是在边际私人净产值之外,其他人还得到利益,那么边际社会净产值就大于边际私人净产值;二是在边际私人净产值之外,同时其他人受到损失,那么边际社会净产值就小于边际私人净产值。庇古把生产者的生产活动带给社会的有利影响,称为"边际社会收益";把生产者的生产活动带给社会的不利影响,称为"边

---

① 唐跃军,黎德福.环境资本、负外部性与碳金融创新[J].中国工业经济,2010(6):6-14.

际社会成本"。在边际私人收益和边际社会收益,以及边际私人成本和边际社会成本之间背离的情况下,依靠市场自由竞争不可能达到社会福利最大化。于是政府应当适当采取些经济政策:对边际私人收益小于边际社会收益的部门进行奖励和补贴;而对边际私人成本小于边际社会成本的部门进行征税,即对存在外部不经济效应时进行征税。庇古认为,通过补贴和征税可以实现外部效应内部化,这种政策后来称为"庇古税"。

后来瓦伊纳(Viner)把外部性分为正外部性和负外部性,他认为如果生产活动给他人带来的是福利损失(成本),可称这种外部性为负外部性;反之,如果给他人带来的是福利增加(收益),则称这种外部性为正外部性。

负外部性又称为外部不经济性。企业将大量的温室气体排放到大气中是一种典型的负外部性或外部不经济性行为,排放到大气中温室气体引起的温室效应对人类整体造成了负面影响,而企业却未将这些负面影响纳入市场交易的成本与价格之中。企业从排放活动中受益,但其排放行为造成的治理费用却转嫁给社会和他人,形成了所谓的外部不经济性。如果任由这种情况发展下去,很容易导致"公有地悲剧"。

四、产权交易理论

温室气体排放权的经济学理论基础主要体现为以科斯为代表的现代产权交易理论。现代产权理论是对传统的外部性理论的扩展,主要讨论了外部侵害导致的"社会成本问题",它用制度分析的方法研究具有稀缺性的资源如何达到最佳配置。科斯认为,所谓市场失灵并非真的是市场机制的失败,而是产权没有明确界定的结果。资源的市场价格是资源的产权价格,只有在产权明晰的情况下,二者才会相等;产权模糊的情况下,价格机制则发生扭曲。科斯解决外部问题的手段通常被概括为两个科斯定理。

著名的科斯第一定理:在产权界定明确且可以自由交易的前提下,如果交易成本为零,那么无论法律如何判决最初产权属于谁,都不影响资源配置效率,资源都可以通过市场机制得到有效配置;换言之,当不存在交易成本时,不管怎样分配法律权利,都能产生有效率的结果。这就是著名的科斯第一定理。

但是,现实世界中,交易成本总是大于零,由此又推出科斯第二定理:即在存在交易成本的情况下,不同的法律权利界定会带来不同效率的资源配置结果,能使交易成本最小化的法律是最适当的法律。该理论将外部不经济性与所有权联系起来,强调通过或依靠私人行为来解决外部不经济性问题。

根据科斯定理:在明确产权和依法保障产权下,如果私人各方可以无成本或是相对低成本地就资源配置进行协商和讨价还价(bargain),就可以解决外部性问题和实现环境资源的优化管理。排放权交易制度的核心就是使生产和消费排放造成的外部性内部化,它通过制度设计把一种外部性的不需要支出任何成本的资源变成一种"稀缺资源",并通过法定的形式明确这种"稀缺资源"的所有权。这种产权理论形成了排放权交易机制的理论基础,对排放权交易机制的建立具有根本性的影响。

大气环境容量资源的最大问题就在于因为没有很好地建立起产权,造成所有人都无节制地争夺使用有限的大气环境容量资源,使温室效应加剧。也就是说大气环境容量资源由于没有在相关法律上明确其产权所有者和使用者,并从产权的使用中得到利益,所有者和使用者的权利不能得到有效地行使,也没有资源保护的激励;同时,对于非产权人的占有、使用也没有效地限制,从而出现了无偿使用的情形,必然导致了外部不经济性。[①]

---

① 吴健.排放权交易[M].北京:中国人民大学出版社,2005:113.

第二节　大气环境容量资源经济属性和温室气体排放权

一、大气环境容量资源经济属性

（一）大气环境容量资源的使用价值属性

大气环境容量是指大气环境对自然的或者人为的排放物最大的承受限度，在这一限度内，大气环境具有自我修复外界排放物所致损伤的能力，使大气环境质量不致降低到有害于人类生活、生产和生存的水平，并保持正常的生态服务能力。大气环境容量又称为大气环境承受力、气候环境承载力、气候环境忍耐力等，是从生态学发展起来的。大气环境容量是一种环境功能和一种生态功能价值，因此保持生态系统平衡，容纳排放物质的功能是大气环境容量资源使用价值的具体表现。

（二）大气环境容量资源的稀缺性

大气环境容量资源的容纳能力在很多情况下都具有将一定量的排放物吸收并转化为无害的形式，不致危害自然生态系统平衡的正常功能，这种容纳能力具有限性特点。当排放污染物的数量超过一定限度，即排放污染负荷超过环境的净化功能时，就会使自然生态系统的结构与功能发生变化，对人类或其他生物的正常生存和发展产生不利影响，即造成环境污染。大气环境容纳能力的有限性说明，过度使用大气环境容量资源，既有可能造成大气环境容纳能力的破坏，也有可能损害自然环境的其他功能。人口增加、化石能源大量使用、经济增长所导致的温室气体排放量迅速增加，使大气环境容量资源的稀缺性更加突出。

(三)大气环境容量资源的外部性

在没有具体政策法规对大气容量资源使用进行规范和界定产权之前,大气容量资源没有明确的产权特征,每个人都可以免费使用大气容量资源。大气环境容量资源是生产活动的重要要素,企业为追求效益最大化,必然会出现对大气环境容量资源的竞相使用,甚至过度使用,超过大气环境容量资源的容纳能力,造成对大气环境的破坏;如果没有任何相关治理手段的规范,大气环境容量外部性就会普遍存在。大气容量资源的免费消费给社会造成成本,消费者私人获得收益却无须承担治理成本;大气环境容量公共物品性必然导致大气环境容量资源配置中的外部性,进而导致市场配置容量资源的失灵,这是当今大气环境被破坏产生问题的根本原因。

二、温室气体排放权

由于大气环境容量资源的有限性和外部性特点,人类社会自工业革命以来,向空气中排放了过量的温室气体,已经超出了大气环境容量资源的容纳能力,由此导致了地球温度升高、异常气候变化及给人类生产生活带来了种种负面影响,影响了人类经济社会的可持续发展。气候变暖问题促使人们去寻求如何有效使用大气环境容量的途径,防止人们对大气环境容量资源的过度竞争性使用。温室气体排放权概念的提出正是基于此目的,因为在大气环境容量资源日益稀缺的情况下,如果不通过明晰产权的方式使环境容量实现排他性消费,就会导致对大气环境容量的过度竞争性使用。[1]

从经济学意义上来看,排放权是由产权的概念延伸出来。产权不仅仅是指对财产的所有权,还包括对财产的使用权、收益权、

---

[1] 蓝虹.环境产权经济学[M].北京:中国人民大学出版社,2005:214.

决策权和让渡权,是财产主体通过财产客体而形成的人与人之间的经济权利关系,具有排他性、可交易性等属性。大气环境容量资源的产权包括所有权和使用权,而大气环境容量资源的所有权和使用权是可以分离的。温室气体排放权是指温室气体排放主体对大气环境容量资源的使用权。

从法学意义上看,温室气体排放权的法律属性可以被界定为行政许可性权利。因为排放权实际上是一种排放许可,在实际操作中,排放许可是排放主体向主管部门申请,依法核实后,准予排放一定量的温室气体的权利。排放主体在许可证数量限度内的排放是允许的,这是法定权利;超过许可证数量的排放是要遭受惩罚的,这是法律对其排放行为的一种约束。

第三节　温室气体排放权交易机制基本原理

一、温室气体排放权交易机制内涵和实质

温室气体排放权交易机制是由政府相关部门根据大气环境容量的容纳能力,确定某一地域或某一行业在一定时间内的排放总量控制目标;然后将温室气体排放总量目标通过一定的方式(免费或拍卖方式)分解为若干排放许可配额,分配给各区域、各行业;企业排放许可配额可像商品那样允许在市场上进行买卖,调剂余缺。通过运用减排措施或因减排成本低而超量减排的实体,可在交易市场出售剩余排放许可证,从而获得经济回报;另一方面,无法通过减排措施或因减排成本高,使排放量超出政府分配的排放许可指标的实体,则须从排放权交易市场购买额外的许可额度。

温室气体排放权交易机制实质是通过政策法规界定大气容量资源的使用权并允许其交易,创建一种新的稀缺资源市场——温室气体排放权市场,并以市场机制为基础,通过合约激励机制

鼓励企业或个人控制温室气体排放,实现在市场供求因素支配下有效地配置容量资源的一种政策工具。经过明晰产权后,非产权人想要使用大气环境容量资源,就必须通过特定的方式,如通过市场购买、有偿的拍卖或者无偿的分配等方式获得大气环境容量的使用权。排放权交易最先在美国创立并在较多领域应用,如在二氧化硫污染、水污染等领域;目前排放权交易在温室气体排放领域上的应用最成功的则是欧盟温室气体排放交易机制。

二、温室气体排放权交易机制体系

从上述温室气体排放权交易机制的内涵定义中可以看出,温室气体排放权交易机制有三大体系:排放总量控制—排放权初始分配—排放权交易。如图 2-1。

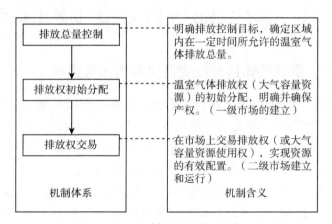

图 2-1 排放权交易的机制体系

1. 第一阶段——排放总量控制

总量控制是根据某一控制区域(如行政区域、行业区域等)的大气环境质量目标,确定该区域所有排放源在一定时间内允许排放的总量,并采取措施将这一区域内的温室气体排放控制在允许排放的总量之内。

总量控制目标确定面临众多困难,至今尚无公认的计算方法。因此,总量控制往往以一定时点的排放量为基础,按照逐年削减的办法确定区域排放总量。如《京都议定书》以 1990 年为基准年,规定了《京都议定书》附件一中所提及的国家到 2012 年的削减目标;而我国政府也以 2005 年为基准年,规定了到 2020 年降低单位 GDP 碳排放强度 20％的控制目标。

2. 第二阶段——排放权初始分配

为实施总量控制,政府或管理部门制定相关的规则,将区域设定的排放总量分解成排放权单位,并以排放许可证的形式按一定的分配规则分配到各个排放源企业中,作为各个企业排放源所允许排放的总量。排放许可证是实施总量控制的重要手段,它明晰了大气容量资源产权(使用权),实现了稀缺的大气容量资源的初始配置。对排放许可证进行配置这一阶段市场被称作碳排放权交易的一级市场,这级市场以政府主导为特征,因此排放权初始分配的一级市场只是完成大气容量资源在各排放源企业的初始配置,远未实现大气容量资源的最优配置和有效利用。

排放权初始分配方式目前较常用的有竞价拍卖和免费分配两种方式。(1)竞价拍卖是以出售的方式将排放许可证出售给出价最高者。拍卖方式优点是符合市场经济“公平、公开、公正”的原则,资源流入最高评价者手中,实现资源有效配置,并且政府还可以获得一定的拍卖收益;但对企业来说会加重成本负担,所以以拍卖方式进行排放权的初始分配在推行中会受到一定的阻力。(2)无偿分配是管制部门按一定的标准在各区域或企业之间免费分配排放许可证。其优点是企业不必为此付出成本,来自排放企业的阻力较小。其缺点是如果标准不合理,无偿分配会影响公平性,导致社会利益分配不公和企业的竞争地位不平等,并且相对比拍卖措施,政府会因此缺少一项温室气体排放治理费用的收入来源。

3. 第三阶段——排放权交易

为了实现大气容量资源的最优配置和有效利用,必须设计合法的温室气体排放权交易市场,这一层级市场也被称为二级市场。在这级市场中允许排放权像商品那样自由被买入和被卖出,以此实现温室气体的排放控制,并通过市场机制实现大气容量资源的优化配置的任务。

在排放权交易中,排放许可证在不同所有者的账户之间转移,企业根据自己估测的减排成本进行选择减排程度。低减排成本的企业利用减排技术优势增加削减温室气体排放,在市场中卖出多余的排放许可证;而减排成本较高的企业则在市场中买入其他企业剩余的排放许可证,以增加温室气体排放量;交易双方从中受益,理想状况下,当企业间减排的最后一单位边际成本相等时,交易停止。通过市场交易,排放许可证得到重新交易,使减排成本低的企业持有较少的排放许可证,完成更多的减排任务;而减排成本高的企业持有更多的排放许可证,可以排放更多的温室气体,减排任务减少,从而实现全社会温室气体减排总成本最小化。

三、排放权交易机制作用机理

(一)排放权交易发生的条件:企业间边际减排成本存在差异

在排放权交易机制建立后,企业的温室气体排放受到了约束,排放量受到了所拥有的排放许可证数量的限制。排放企业为追求自身利益最大化,必然会对减排的边际成本和排放许可证的市场价格进行比较,由此决定是从市场购买排放许可证以增加排放量权利;还是通过提高自身减排技术减少排放量以达到在许可证数量范围内的排放目标。由于不同企业的边际减排成本是不同的,减排成本低的企业会考虑通过出售多余的排放许可证来获益;减排成本高的企业会考虑向市场购买其他企业多余的排放许可证增加排放量,从而降低企业的减排成本。

（二）排放权交易机制减排效用机理

图 2-2 阐明了排放权交易机制的作用机理。假设在排放总量目标确定的情况下，交易市场上只有两家企业（企业 1 和企业 2），这两家企业的排放总量目标被确定为 O_1O_2。通过排放许可证初始分配后，企业 1 许可排放配额为 O_1Q_S，企业 2 许可排放配额为 O_2Q_S，$O_1Q_S + O_2Q_S = O_1O_2$，图 2-2 中，横轴表示企业的排放量，纵轴表示边际减排成本，MC_1 和 MC_2 代表两家企业减排的边际成本曲线（图中用直斜线代替）。企业 2 的边际减排成本比企业 1 低（图中企业 1 的边际成本 MC_1 斜率更大）。随着排放量的不断增多，企业的边际减排成本是递减的。

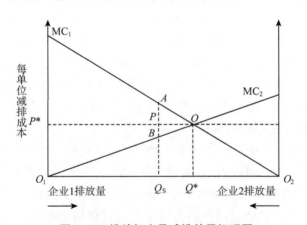

图 2-2 排放权交易减排效用机理图

在排放权交易机制体系下，企业 1 和企业 2 的排放许可配额可以在市场上交易，排放许可配额的市场价格为 P^*，即企业 1 和企业 2 边际减排成本相等时的均衡价格。在排放量 Q_S 点，企业 2 减排成本（B 点）低于排放许可配额交易市场价格 P^*，因此企业 2 从利益最大化角度考虑会选择多减排的策略，从而企业 2 因为减少排放产生剩余排放许可配额，可以出售给企业 1；企业 1 在排放量 Q_S 点，减排成本（A 点）高于排放许可配额交易市场价

格 P^*，从利益最大化角度考虑会选择从市场购买许可配额，增加排放量，降低减排成本的策略。当企业 1 和企业 2 最后一单位的边际减排成本相等 $MC_1(Q^*)=MC_{12}(Q^*)$ 时，两家交易决策行为停止，此时达到静态的局部均衡 Q^*，企业 1 和企业 2 交易双方都获得了一个净收益，分别是面积 OAP 和 OBP 的收益。

（三）排放权交易机制的作用

从以上的交易实现过程来看，可以分析出排放权交易机制的作用表现。

1. 实现了总量控制目标和排放许可配额资源的有效配置

在排放权交易市场机制作用下，控制目标排放量在企业之间重新配置：企业 2 由于边际减排成本低而进行多减排，最终只排放 O_2Q^*，减排数量为 $(O_2Q_s-O_2Q^*)$；企业 1 由于边际减排成本高而少减排，最终排放了 O_1Q^*，多排放数量为 $(O_1Q^*-O_1Q_s)$。可以看出，通过市场交易，所有企业排放总数量 O_1O_2 没变，实现了排放总量控制的目标，同时又实现了排放许可配额资源在企业 1 和企业 2 之间的有效配置。

2. 降低了社会总的减排成本和高减排成本企业的减排压力

从图 2-2 可以看出，通过市场交易达到市场均衡 Q^* 时，企业 1 的减排成本压力大大降低，减排成本减少了面积为 OAP 的成本量；企业 2 通过出售多余的排放许可获得面积为 OBP 的收益，即社会总的减排成本减少了面积 AOB 的成本量。通过交易，不同减排成本的企业各尽所能、各取所需，达到整个社会减排成本的最小化。

3. 有利于激励企业积极主动对减排技术进行投资升级改造

当大气环境容量资源没有明晰使用产权时，每个人都可以免费使用，企业没有动力进行减排，因为采取减排措施总是要花费成本的，同时又没有相应的机制对减排利益进行补偿。而在排放权交易机制下，企业排放受到约束，如果企业不采取减排措施导致超过所允许的排放量，则就必须到市场付出一定的价格来获取超额的排放权；同时如果企业采取减排措施削减排放量，则多余出来的排放许可配额可以到市场中出售获得收益。因此排放权交易机制起到了刺激企业积极对减排技术进行投资升级改造的激励作用。

（四）排放权交易机制的局限性

1. 初始排放权分配的困难性。排放权交易机制的基础是排放许可配额的合理分配。如果采用免费分配方式，企业易接受，但如果分配标准不合理、分配不均导致不公平，或过量分配导致市场配额价格过低，企业对减排的积极性便会降低，企业宁愿通过购买配额来抵消减排量，而不去提高技术和改进设备进行减排。如果采取拍卖方式后，易受到企业的反对，同时如果拍卖价格过高，可能会影响企业的国际竞争力。

2. 可能会有人为垄断排放权的问题。如果出现政府或国际社会对大气容量资源进行严格控制的趋势，排放权价格可能会呈现上升趋势，这样排放权与其他稀缺商品市场类似，就会被投机家炒卖，甚至出现对排放权市场进行垄断牟取暴利的现象。因此，如果市场机制不完善，排放权交易机制的资源配置效用就会受到影响。

3. 会产生额外的交易费用。政府通过排放权交易机制进行温室气体排放控制时，只要制定出排放总量控制目标，排放权由市场供求机制去发现，不必了解企业的排放控制技术状况与成本，这样就减少了政府相关的管理费用。但是，排放企业在市场买进和卖出排放许可证时，需要寻找相关市场交易信息和风险信息，而获得这种信息往往需要花费较大的交易成本。同时实现排放许可证市场的均衡，需要较长的时间，也需要产生较大的交易费用。

第四节　碳排放权交易机制与其他
减排手段优劣势的比较

为了解决大气环境容量资源过度使用的外部性问题,应对全球气候变暖现象,国际社会及各国采取了许多措施对碳排放进行控制。这些减排措施归纳起来可以归结为两种基本思路:一是限制外部性的规模——直接管制手段;二是外部性内在化——经济激励手段。

一、限制外部性规模——直接管制手段

(一)直接管制手段含义

由于大气环境容量资源是具有外部性的经济属性,市场的自由配置导致了大气环境容量资源过度使用。长期以来,无论是发达国家还是发展中国家政府在环境与气候治理问题上主要是采取政府直接管制手段。政府直接管制手段是指政府制定政策法律、规章条例和标准,对经济活动者的排放排污行为做出规定,依政策法规强制实行,并对违规行为实施惩处。管理的目的就是限制这种外部性效果的规模。

(二)碳排放权交易机制与直接管制手段比较分析

排放权交易机制是基于市场的经济手段,直接管制是以"命令-控制型"为特征的行政手段,两者差异比较大。这种差异可以通过对比排放权交易机制,由直接管制手段的优劣势来体现。

相比排放权交易机制市场手段,直接管制手段有如下优势:(1)直接管制手段是政府对经济活动当事人直接发生作用,比通过市场和价格机制来改变行为的经济手段更加直接,效果确定性更强。(2)在某些情况下,直接管制手段在环境治理上还能起到

独特的重要作用。比如,对毒性特别大的气体物质而言,更需要的是一种完全的禁令,此时排放权交易市场机制等其他市场经济手段并不是适宜的手段。[①]

相比排放权交易机制市场手段,直接管制手段有如下劣势:(1)政府为了确定合理的排放标准,需要掌握大量的信息,管理成本较排放权交易机制高;(2)指令控制手段一般采用一刀切办法,不考虑企业的不同情况,资源配置效率比排放交易机制低,易造成浪费。例如,有两个碳排放源 A 企业和 B 企业,各排放 100 t 的二氧化碳。为达到大气环境质量控制要求,共需削减总量为 80 t 二氧化碳。A 排放源的碳减排成本是每吨 100 元,B 排放源的碳减排成本是每吨 300 元。在直接管制下,两家企业会被要求各自削减 40 t 二氧化碳,那么总的减排成本是$(40 \times 100 + 40 \times 300) = 16\ 000$ 元。然而如实施碳排放权交易机制,B 企业将会选择购买 A 企业的碳排放权;由于有利可图,A 企业会受激励完成 80 t 碳减排义务,这样,总的控制成本则是$(80 \times 100) = 8\ 000$ 元,节约总减排成本 8 000 元。(3)直接管制手段无法像排放权交易机制那样具有减排的激励性作用,不能调动企业对减排技术进行投资改进的积极性和主动性,很难在减排上建立起一种激励性的长效机制。

因为政府直接管制手段的这些优劣势,在气候环境问题治理上,不仅需要政府政策法规等,也需要配合使用更为有效的经济激励手段。

二、外部性内在化——经济激励手段

(一)经济激励手段和碳税

经济激励手段是通过市场机制或利用经济因素(如价格、税

[①]　杨杨,郑秀.低碳经济背景下碳税及其他减排政策的比较研究[J].特区经济,2010(5):142-143.

费、补贴等),提供经济刺激,激励企业开发和采用更为成熟先进的减排技术进行减排。除了排放权交易机制手段外,目前国际社会在控制温室气体排放上采用较多的另一重要经济激励手段是碳(排放)税。

碳税是以税的形式规定使用大气容量资源价格,通过排放税使温室气体排放企业为使用大气容量资源付出相适应的成本,从而将排放行为的外部性内在化。碳税制有两种类型:(1)根据每种化石燃料的含碳量确定税率;(2)按二氧化碳(CO_2)排放的吨量进行征收,两者之间通过一吨碳等于 3.67 t 二氧化碳的等式进行换算。碳税的征收会提高化石能源产品价格,从而促进经济主体为节省成本而采取节能减排措施,最终达到降低碳排放的目的。

(二)碳排放权交易机制与碳税的比较分析

碳排放权交易机制与碳税都是基于市场的经济手段,都是通过提供一个经济刺激因素,促使企业积极主动减少排放量,因为不论是购买排放许可配额还是交税都涉及了企业的利益问题。但碳排放权交易机制与碳税在对环境资源问题治理之间仍然存在很大的差异性,主要现在以下几方面。

(1)具体作用的机制上。排放权交易机制手段是基于排放总量控制型的(例如,到 2020 年比 1990 年减少 20%的碳排放量),通过市场机制以控制排放数量为主要目标;碳税手段是基于价格控制型的,通过税收形式调整资源价格来影响企业的减排成本。因此碳排放权交易机制的效果依赖于市场机制的完善性,碳税的效果依赖于资源产品价格机制的完善性。

(2)实施的信息成本和交易费用上。碳税税率的制定,需要了解各企业的减排成本,并且要根据不同的减排技术成本情况调整税率,这样增加了许多政府的管理费用;但碳税使用不会像排放权交易机制一样为实现市场均衡而产生大量的交易费用。

（3）在治理效果和目标上。如果税率确定合理的话，那么碳税将是一种直接使温室气体排放外部费用内部化的有效手段。但如果主管部门错误地估计了企业的减排成本，使碳税税率低于企业排放成本，企业将选择交税而不是提高减排技术或改进减排设备，这样就达不到控制碳排放的目标。而排放权交易是先确定排放总量后再由排放许可证的供求关系确定价格。即在排放权交易机制体系下排放总量是确定的，不管市场确定的排放许可证的价格如何，碳排放控制的目标却是清楚的。

（4）在资金收入分配和吸引力上。在碳税体系下，大气排放容量资源的税收收入一般流向政府，然后政府以补贴等方式进行再分配，以支持环保公益项目、低碳技术产业的发展，因此碳税对一些非相关利益普通群体有吸引力；而许可证交易体系中出售排放许可证的收入为资源使用者自己持有，因此从资金分配上来看，排放权交易对排放成本较低的许可配额拥有者来说更具吸引力。[①]

（5）在改变生产者和消费者消费习惯上。碳税通过增加碳排放成本和提高燃料价格向生产者和消费者传达该产品生产造成碳排放的信息，促使生产者和消费者转向生产和消费其他碳排放较少的产品，因此在推动低碳产品生产和改变消费习惯上，碳税会比排放权交易机制更直接、更有效。从实施碳税成功减缓二氧化碳排放的国家的经验来看，征收碳税一方面可减少含碳量大的燃料的使用，另一方面可促进可再生能源技术的开发、发展和使用。

（6）在可接受性上，由于碳税是采用征税形式，会增添企业负担，如果税率定得偏高，不容易为企业所接受。在排放权交易机制下，采用拍卖方式分配排放许可配额也会增加企业成本，也会产生企业接受阻力的问题；但在排放权交易机制下，如果排放

---

① 裴克毅,孙绍增,黄丽坤.全球变暖与二氧化碳减排[J].节能技术,2005(3)：239-243.

许可配额采用免费分配方式,则易为企业所接受,从而调动企业的积极性并得到企业的主动配合。

三、我国在碳减排手段上的抉择

从以上分析可以看出,每种减排手段在气候环境问题的治理上都有其优劣势,没有绝对的孰优孰劣的问题,每种减排手段都有相适用的情况和条件。例如,碳税的减排效果确定性较差,而碳排放权交易机制采用排放总量控制制度,在减排目标上更加明确,但排放权交易会产生大量的交易费用,当边际交易成本大于边际治理成本时,对参与排放权交易的企业来说是福利损失,这时排放税是更优的选择。而管制手段对紧急性质的及属犯罪性质的严重污染行为,如有毒化学气体的非法排放等效果显著。因此,采用何种减排手段应视具体情形而定,如何切合中国的实际制定气候政策,在改善环境、减少碳排放的同时,尽量减缓其对经济发展的阻碍,寻求一条符合中国国情的低碳可持续发展之路是尤为关键的问题。

(一)寻求经济手段治理气候将是我国环境政策总体趋向

经济激励手段明显优于指令型控制手段。但目前我国的现状是大量运用行政管制手段,减排强制性特点显著,减排监督管理的成本费用较高,同时培育了大量既得利益主体,加重了财政负担。因此要想促进节能减排,降低二氧化碳的排放强度,一方面要逐步减弱行政管制手段的运用;另一方面需要寻求合适的经济激励"减排"手段的运用。时任国家发改委副主任的解振华在2010中国应对气候变化采取的政策和措施新闻发布会上表示,国家更倾向于采用利用市场机制和经济手段来实现碳排放强度降低的目标。"十二五"期间计划出台环保税;在碳排放方面,碳税目前也处于研究阶段,而碳交易已在北京、上海、天津等城市开始试点;2015年国家主席习近平同美国总统奥巴马举行会谈,在发表关于气候变化的联合声明时,表示中国计划于 2017 年启动全国碳排放交易体系,覆盖电力、钢铁、化工、建材、造纸和有色金属等重点工业行业。2016 年 10 月 27 日国务院发布的《"十三五"控制温室气体排放工作方案》中指出,为确保完成"十三五"规划纲要确定的低碳发展目标任务,推动我国二氧化碳排放到 2030 年左右达到峰值并争取尽早达峰制定,到 2020 年力争建成制度完善、交易活跃、监管严格、公开透明的全国碳排放权交易市场。

（二）综合应用各种减排手段是我国环境政策的战略选择

在经济手段上目前主要有排放权交易机制和碳税,对于选用哪种手段更适合中国实际情况,目前在业界出现了许多争论,比较统一的看法是认为这两个手段都是相对有效的经济手段,分歧主要是在当前中国经济社会背景下,是先采用碳税还是先采用排放权交易机制。例如,刘小川、汪曾涛认为在能源产品定价政策还不能有效改变的情况下,要实现二氧化碳的减排,最好的方式就是短期内考虑以排放权交易作为碳减排的主要政策工具。而相比排放权交易体系,碳税更简洁,管理成本、经济成本更低,如果我国能源市场的价格完全市场化了,那么将来实施碳税会是一个更好的选择。[1] 而中国经济 50 人论坛课题组则认为,对市场机制不健全的发展中国家而言,短期内碳税的制定与实施可操作性更强些,更为有效。[2] 北京环境交易所总经理梅德文指出碳税与碳交易是大棒与胡萝卜的关系,应注意结合使用。碳税作为一个约束机制,是典型的大棒,而碳交易则是典型的激励机制。财政部财科所课题组关于我国碳税及相关问题的专题报告认为碳

---

[1]　刘小川,汪曾涛.二氧化碳减排政策比较以及我国的优化选择[J].上海财经大学学报,2009(4):74-88.

[2]　樊纲.走向低碳发展:中国与世界——中国经济学家的建议[M].北京:中国经济出版社,2010:108-109.

税和碳排放权交易之间是相互补充的关系,两者与其他二氧化碳减排经济政策一起,共同发挥促进二氧化碳减排的调节作用。

从发达国家采取的减排措施经验来看,也不是采取单一的减排手段,而是以综合使用各种减排手段来解决气候环境问题。从表 2-1 中可以看出欧盟在应对气候变化与能源问题上综合所使用的减排手段。

表 2-1 欧盟应对气候变化与能源问题的措施

减排手段	具体体现
政府管制	提出到 2020 年欧盟能源消费结构中可再生能源所占的比重比 1990 年提高 20% 以上及能源效率提高 20% 的目标 德国、丹麦、英国等国可再生能源强制入网、优先购买义务;发布建筑物节能标准;欧盟强制淘汰高能耗照明设备等
排放权交易市场机制	提出到 2020 年温室气体排放量比 1990 年下降 20% 的总量控制目标 2005 年开始实施温室气体排放权交易机制,覆盖欧盟区域温室气体排放量大约 40%,交易品种扩大到二氧化碳以外的温室气体
碳税、能源税或气候变化税	从 1990 年芬兰开始导入起,目前欧盟国家已有芬兰、挪威、瑞典、德国、英国、荷兰、丹麦、瑞士等 8 个国家在使用

(三)渐进原则是我国探索碳减排手段应坚持的重要原则

不论是碳税的开征,还是碳排放权交易机制的建立,都会对我国的经济发展产生负面的影响。张健等人研究认为,在 2006 年碳税施行的假设前提下,2006 年 GDP 将降低 0.23%,但假如引入碳交易机制的话,GDP 降幅为 0.17%。[1] 由于开征碳税和建

---

[1] 张健,廖胡,梁钦峰.碳税与碳排放权交易对中国各行业的影响[J].现代化工,2009(7):77-82.

立碳排放权交易机制的基础条件还不够完善,为了减少碳税和排放权机制实施的阻力和负面效应,有必要基于我国的实际国情合理设计碳税和排放权交易机制的实施路线和步骤,遵循渐进的设计改革的思路。

从碳税方面看,开征碳税必然会加大企业和个人纳税人的负担,尽管目前中国全民环境保护意识普遍提高,使得碳税的开征相对容易为社会所接受,但是过高的税负水平必然会导致受碳税影响较重的纳税人的抵制,产生较大的社会阻力。目前我国环境税的征收正遵循"费改税"的渐进原则路径,先对排放量大且相对稳定,征收也比较容易的污染物如二氧化硫、废水污染物等实行"费改税"。开征初期,税率设计比较低,相关税负水平基本与目前的排污费相当,成熟后再择机把二氧化碳排放纳入课征范围。并设计对受影响较大的纳税人的相关税收返还和补贴等优惠政策,以减弱环境税推行的阻力。此外,根据开征碳税的模拟效果分析,如果实现低税率水平的碳税政策,对于经济的冲击影响较小,纳税人的负担也不会过重。[①] 在开征低税率水平的碳税后,可以根据我国社会经济的发展情况,适度逐步提高税率水平,进一步增强其对减少二氧化碳排放的激励作用。从发达国家经验来看也是如此,如德国是对废水征收税较早的国家,自 20 世纪 80 年代初开始征收水污染税,开征第一年的税率为每"污染单位"12 马克(1948—2002 年流通),以后不断提高,在 2007 年其税率已达到了每污染单位 35.9 欧元。

我国对排放权交易机制的探索也要遵循渐进的原则,首先从废水和二氧化硫排污权交易机制建立方面做试点,然后在国际社会还没有要求我国进行强制碳减排情况下,开始探索我国碳排放权交易机制的建立。并且在排放权交易体系正常运行所需的法律政策基础及监测、报告和核实机制还不完善之前,我国的碳排

---

① 财政部财科所课题组.中国开征碳税问题研究详细技术报告.[R/OL].[2009 - 09 - 01]. http://wenku.baidu.com/view/de1bf08da0116c175f0e48c4.html.

放权交易机制可以从以自愿减排交易开始做为试点。统计数据显示,虽然在缺乏总量限制激励的情况下,目前在我国已经建立的北京、上海、天津三个环境交易所中企业自愿减排交易量十分有限,但2009年以来自愿减排的交易数量是呈现不断增加的趋势。在自愿型碳排放权交易市场成熟后,再逐步向强制型碳排放权交易市场发展。

第三章 全球气候问题与国际
碳排放权交易机制的建立

解决全球气候变化问题是国际碳排权交易机制建立的现实基础和重要推动力。尽管科学界对全球气候变暖问题仍然存在着不确定性和争议，但人类不应该不采取行动而承担由此带来的后果。《联合国气候变化框架公约》《京都议定书》和《巴黎协定》为国际碳排放权交易机制奠定了法律基础，推动了全球碳减排事业的发展和气候问题的治理。但由于国际碳减排涉及各国的生存和发展空间，各缔约国在气候谈判峰会中不可避免地存在着各种矛盾。

第一节 全球气候问题

全球气候变化问题自 1896 年瑞典科学家阿累尼乌斯（Arrhenius）首次公布了人类二氧化碳排放引致全球变暖的计算开始，气候变化问题逐步成为全球科学界、经济学界和政界关注和讨论的重要问题之一。

在 1997 年《联合国气候变化框架公约》第三次缔约方大会（COP3）上通过《京都议定书》之前，长期以来都没有相关的国际法规，对具有公共产品特性的大气环境容量资源使用权，进行合理的限制和分配。导致工业革命以来的人类活动，特别是工业化国家过度使用石化燃料排放大量二氧化碳，致使大气中温室气体的浓度显著上升，造成近百年来全球气候经历一次以变暖为主要特征的显著变化。

一、全球"气候变化"问题受到前所未有的关注和讨论

（一）第一种观点：全球气候变暖现象已是不争的事实

这类观点也是被各国政府所接受的主流观点，他们认为全球变暖趋势已经很明显，人类活动是全球气候变化产生显著影响的主要原因，如果再不对人类排放加以限制，这些变化可能会导致极端天气和各种生态系统的破坏，最终影响全球经济可持续发展和人类的健康。1990 年至 2007 年，联合国政府间气候变化专门委员会（Intergovernmental Panel on Climate Change，IPCC），汇集了世界范围数千位科学家，负责搜集、整理和汇总全世界在气候变化领域的最新研究成果，提出科学评价和政策建议，连续发布了四份 IPCC 关于气候变化的评估报告。四次报告对全球变暖的可能性观点越来越加强。到了 2007 年出台的第四次评估报告明确指出，工业革命以来人类活动引起的大量化石燃料燃烧，已经使大气中二氧化碳的浓度大大提高；全球大气二氧化碳浓度从工业革命前 1750 年的 280 ppm 上升到 2005 年的 379 ppm，超过了近 65 万年以来的自然变化范围。IPCC 于 2013 年发布的第五次评估报告，再次警告全球气候系统变暖毋庸置疑。2018 年 4 月 3 日我国政府发布的《中国气候变化蓝皮书》也确认，2017 年气候系统的综合观测和多项关键指标显示全球气候变化趋势仍在持续。除全球气温继续升高外，极端天气事件发生频率也持续上升。这些气候变化会直接或间接对人类的生活环境、经济发展造成影响。

全球气候变暖已是不争的事实，基于科学研究及对社会环境的观测，人类活动被认为是自 20 世纪 50 年代以来气候变化的主要原因。燃烧化石燃料或毁林行为会使大气中温室气体浓度增加和气溶胶发生变化，这些复杂因素结合在一起共同导致了气候变化的发生。根据位于纽约的美国宇航局戈达德太空研究所

(GISS)的科学家称,2018 年全球气温比 1951 年至 1980 年的平均温度高出将近 1 摄氏度。从全球来看,过去五年(2015 年至今)是有现代记录以来最热的五年。20 世纪 50 年代以来,大气和海洋已变暖,积雪和冰雪已减少,海平面已上升,温室气体浓度增加。全球海洋温度的增加已延伸到至少 3 000 m 深度,海洋升温引起海水热膨胀,造成 20 世纪全球平均海平面上升约 0.17 m;北半球积雪面积明显减少,山地冰川和格陵兰冰盖加速融化,1978 年以来北极海冰面积以每 10 年 2.7% 的平均速率退缩,北半球 1900 年以来季节冻土覆盖的最大面积减少了约 7%。总之,气候变化给人类可持续发展带来严重威胁。

(二) 第二种观点:气候变暖"怀疑论"和"阴谋论"

1960 年,米切尔(Mitchell)提出自 20 世纪 40 年代初期,地球气温开始呈现下降趋势。在气候变化的大争论中,这种对气候变暖持怀疑的观点一直是占少数派。但在 2009 年 12 月哥本哈根气候变化大会之前发生的"气候门"事件①之后,气候变化的真伪受到了更多人的质疑。其中较有影响力的是澳大利亚阿德大学地质学家依安·普利莫(Ian Plimer)于 2009 年出版的《天与地》(heaven and Earth)。普利莫用各种图表和大量数据证明,温室效应主要来自水蒸气,而不是二氧化碳,也与二氧化碳变化的浓度无关。此外,最近 100 多年来,虽然大气二氧化碳浓度确定一直在上升,但大气温度在 1940—1976 年实际上是下降的,而 21 世纪前 10 年的温度也比 20 世纪末有所下降。中国上海科学技术文献出版社翻译出版了两位美国科学家撰写的《全球变

---

① "气候门"(climate gate)事件是指 2009 年 11 月多位世界顶级气候学家的邮件和文件被黑客公开的事件。邮件和文件显示,一些科学家在操纵数据,伪造科学流程来支持他们有关气候变化的说法。这事件发生在哥本哈根气候大会召开之前,导致人们的焦点开始转向全球气候变暖的可信度上。资料来源:http://baike.baidu.com/view/ 3046022.htm。

暖——一场毫无来由的恐慌》，书中认为地球温度受太阳幅射强度波动的影响，存在一个约为 1 500 年的周期；两人甚至预言，地球大气的升温阶段已经结束，即将进入下一个冷期。

与此同时，在一些发展中国家和发达国家的学者也提出相关的"低碳阴谋论"，认为控制碳排放和发展低碳经济是发达国家为了摆脱金融危机的影响，限制发展中国家（尤其是"金砖四国"）发展而精心策划的世纪阴谋。[①]

尽管科学界对全球气候变暖问题仍然存在着不确定性，但目前各国大多数科学家、经济学家和政界比较一致认同 IPCC 的报告，全球变暖的严重影响已经成为事实，而且人类活动，特别是工业革命以来对化石能源的大量的需求造成的碳排放，很可能是造成该现象的主要原因；人类采取行动的减排成本远远小于气候变暖的破坏。其基本落脚点是：我们实质地减少碳排放肯定比因为没有采取行动而由此带来的后果的风险要好得多。

气候变化问题已备受国际社会关注，《联合国气候变化框架公约》（UNFCCC）是国际社会应对气候变化的基石。1997 年，《京都议定书》的签订标志着温室气体减排成为发达国家的法律义务，但其所遵循的"自上而下"模式在没有超主权国际强制力的情况下使各国没有动力进行真正减排，应对气候变化进程陷入僵局。2015 年，《巴黎协定》以"自下而上"模式，基于国家自主贡献的精神，为国际社会提供了更具操作性的解决方案，被各缔约国所接受，也成了人类历史上生效最快的多边国际条约，是人类历史上应对气候变化里程碑式的法律文本。《巴黎协定》要求建立针对国家自定贡献（INDC）机制、资金机制、可持续性机制（市场机制）等的完整、透明的运作和公开透明机制以促进其执行。所有国家都将遵循"衡量、报告和核实"的同一体系，但会根据发展中国家的能力提供灵活性的政策。

---

① 王遥.碳金融——全球视野与中国布局[M].北京:中国经济出版社,2010:4.

二、不行动的代价

大量研究表明,如果人们不采取任何行动,按照原来的模式发展,继续大量排放温室气体,将会造成气候进一步变暖,将给整个人类社会带来巨大损失。世界气象组织(WMO)在日内瓦发布 2009 年度《温室气体公报》表明,2009 年全球大气中几种主要温室气体的浓度,再次突破有历史纪录以来的最高点,其中二氧化碳全球平均浓度已达 386.8 ppm。

IPCC 报告预测,到 21 世纪末,如果不采取措施,全球地表平均增温为 1.1~6.4℃,融化的冰川将增加雨季的洪水风险及降低干季的淡水供应,全球海平面上升幅度为 18~59 厘米,海平面的上升将导致沿海地区 2 亿到 7 亿居民可能遭受洪涝灾害,特别是东南亚及太平洋地区岛国和大批的海岸城市如纽约、伦敦、东京、上海、香港及孟买等。气候变化将对全人类的基本生存要素造成重要影响,包括健康、水、食物、土地利用和环境。海洋酸性将对海洋鱼类造成不利影响。较低的温度增幅尚有望增加农作物产量,但如果超过 2~3℃将不可避免造成减产,非洲地区影响最甚,将有数以万计的居民食物短缺。气候变暖还将造成世界范围的居民死于营养不良和热效应,如热带细菌及登革热均有可能在全球传播。生态系统将变得更加脆弱,研究表明在 2℃以上的涨幅下,15%~40%的物种将会灭绝。

生态环境的恶化及各种极端灾害的出现可能将给世界各国带来巨额的经济损失。英国经济学家斯特恩采用了综合评估模型(Intergrated Assessment Modles)计算了人类的期望效用,预测表明如果不采取任何行动的话,气候变化将造成全球人均福利至少削减 5%。如果环境、健康等"非市场"因素考虑在内的话,人均福利损失将从 5%增加到 11%。由于存在增加强的反馈效应,温室气体排放对气候系统的影响将超出以往预计,这有可能使得人均福利损失由 11%增加到 14%。进一步,贫穷国家由于处于地理劣势,受气候变化的影响更大,如果考虑气候影响的不对称性,福利损失将增加更多。综合以上各种因素,任由气候变化而不采取任何行动将可能造成人均福利较目前水平降低20%,代价巨大。

第二节　气候问题解决方案——国际温室气体排放权交易机制

全球气候变化是人类迄今面临的最重大的环境问题,也是21世纪人类面临的最严峻的挑战之一。人类活动引起气候变化主要原因,是由于大气环境容量公共产品的特性和外部性特点,导致人类向大气排放过量的温室气体,超出了大气环境容量资源的容纳能力,产生了全球气候变暖和可持续发展问题。气候变化问题促使国际社会去寻求如何有效使用大气环境容量资源的途径,以减少温室气体的人为排放量,防止人们对大气环境容量的过度竞争性使用。为此国际社会开展了积极的行动,采取了有效的应对措施,其中一个最核心有效的措施就是建立起了国际温室气体排放权交易机制体系。

一、国际碳排放权的确立和碳排放权交易市场的形成

国际碳排放权交易机制是按照三大体系(总量控制——排放权初始分配——排放权交易)建立的。如图 3-1。

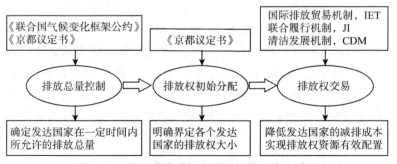

图 3-1　国际碳排放权交易机制体系建立过程

（一）提出排放总量控制目标——《联合国气候变化框架公约》

国际社会通过制定国际法律文书，提出全球温室气体排放总量控制目标和原则。1988年，世界气象组织与联合国环境规划署共同组织成立了"政府间气候变化专门委员会"。同年12月，联合国大会成立政府间谈判委员会，于1992年组织谈判制定了《联合国气候变化框架公约》（UNFCCC）（以下简称《公约》）。《公约》自缔约之日起，已经有189个国家参与，是国际环境与发展领域影响最大、涉及面最广、意义最为深远的国际法律文书。《公约》就全球应对气候变化问题提出了一个重要原则是"共同但有区别的责任"。"共同"责任就是各国都要根据各自的能力保护全球气候；"区别"责任即要求发达国家率先采取减排行动，并向发展中国家提供技术和资金支持。《公约》明确确定了应对气候变化的最终目标是："将大气中温室气体的浓度稳定在防止气候系统受到危险的人为干扰的水平上。这一水平应当在足以使生态系统能够自然地适应气候变化，确保粮食生产免受威胁，并使经济发展能够可持续地进行。"第一次提出全球温室气体排放总量控制目标：采取措施，争取2000年温室气体排放量维持在1990年的水平。由于《公约》只是一项框架性的公约，没有对各缔约国规定具体的排放许可额度和减排义务指标，缺乏可操作性，为此于1997年12月在日本京都召开的《公约》第三次缔约方大会（COP3）上，通过了《京都议定书》。《京都议定书》是全球第一个具体定量发达国家温室气体排放许可量和减排义务的国际法律性文件，详细制定全球温室气体排放总量控制目标：规定附件一缔约方发达国家和转轨经济国家（Annex I Countries）在2008—2012年内，要将其国内二氧化碳等温室气体排放量控制在1990年的基准水平上至少减少5%。根据"共同但有区别"的原则，议定书未对发展中国家规定定量的排放控制目标和减排义务。

（二）定量分配排放许可额——《京都议定书》界定各发达国家排放权大小

总量控制目标确定以后,就得明确界定各国的排放权。首先,只有各国排放权得到明确的界定和严格保护,各国的实际排放量才会受到严格的约束,全球碳排放总量控制目标实现才会得到保障。其次,只有明确界定各国的排放权,才能根据各国的实际排放量计算其是否超额排放或减少排放,采取减排措施的国家就可能会有多余的排放权用于出售,不采取减排措施的国家若超额排放则可能需购买额外的排放权,减排的压力和激励机制作用就会产生。

《京都议定书》规定了附件一缔约方发达国家和转轨经济国家温室气体排放控制总量后,根据缔约方国家之间谈判协商后,《京都议定书》又确定了附件一缔约方各国在第一承诺期(2008—2012 年)温室气体最大允许的排放权或减排义务;这最大允许的排放权即排放许可量为该缔约国温室气体排放的分配数量(Assigned Amount),以分配数量单位(Assigned Amount Units,简称 AAUs)来计量。排放许可量分配过程的经济意义是,通过向缔约方各国分配排放许可量,明确了缔约方各国对大气容量资源的使用权,即以法律的形式规定了缔约方国家可使用温室气体排放容量大小的权利和减排义务,从而实现大气容量资源产权的初始配置。如规定在 2008 年至 2012 年间以 1990 年为基准,欧盟整体需削减 8%,日本需削减 6%,加拿大需削减《京都议定书》6%,澳大利亚可增加排放 8%,冰岛可增加排放 10%,俄罗斯则保持不变。在《公约》和《京都议定书》的法律约束下,附件一下的缔约方国家温室气体排放空间容量资源开始呈现出稀缺性特点,这些国家在签署了《京都议定书》后,由此都有了温室气体排放量的约束和减排的压力。

（三）国际碳排放权交易机制——《京都议定书》下的三种排放贸易机制

《京都议定书》下的这三种交易机制是：是基于配额为基础的国际排放贸易机制（International Emission Trading，IET）和基于项目为基础的联合履行机制（Joint Implementation，JI）与清洁发展机制（Clean Development Mechanism，CDM）。

（1）《京都议定书》规定附件一缔约方国家各自的排放许可配额（AAU）后，考虑到各国的边际减排成本存在差异，就温室气体减排途径提出了基于配额交易（allowance-based market）为基础的国际排放贸易机制（International Emission Trading，IET）。即《京都议定书》附件一缔约方发达国家所分配到的排放许可配额（AAUs）可以在这些发达国家之间进行买卖流转。

（2）为进一步帮助发达国家以低成本有效方式实现所规定的减排目标，考虑到这些发达国家温室气体边际减排成本较高，而经济转型国家和发展中国家的减排成本更低，为帮助发达国家高效低成本地实现排放控制目标。《京都议定书》提出了另外两个减排交易机制——CDM 和 JI。JI 和 CDM 这两个交易机制交易标的不是排放许可配额（AAUs），而是以项目为基础（projected—based market）产生的减排单位（ERUs 和 CERs）。JI 项目是《联合国气候变化框架公约》附件一国家（包含发达国家和经济转型国家）之间进行，通过项目产生的排放减少单位（ERUs）进行交易和转让，以用于超额排放国家实现履约减排义务。CDM项目则在附件一国家（发达国家）与非附件一国家（发展中国家）之间展开。通过对碳减排项目的合作与开发，取得相应的减排额，这个减排额被第三方核证后，可成为 CER 以用于《公约》附件一国家超额排放的许可部分。通过这三种境外减排交易机制，发达国家可以以较低成本实现减排目标，缓解国内减排压力。

专家估计，《京都议定书》下的发达国家缔约方 2012 年以前的总减排需求量是为 50 亿 t 二氧化碳当量，其中从发展中国家购买的减排需求为一半,约 25 亿 t 二氧化碳当量。欧盟成员国政府计划从清洁发展机制项目购买减排信用为 5.2 亿 t,企业购买 5 亿~15 亿 t;加拿大总计需求项目减排量 7.5 亿 t,日本政府计划购买 1 亿 t,企业购买 8 亿 t。由于排放交易机制的建立激发了发达国家碳排放权交易的需求,2009 年全球碳市场已达到 1 400 多亿美元。因此《京都议定书》通过三种灵活机制催生出一个以二氧化碳排放权为主的交易市场。

二、全球各国碳排放权交易机制的建立和交易市场的发展

《公约》和《京都议定书》的实施和碳排放权交易机制的确立,在全球范围内创造了一个可交易的新的无形商品——温室气体排放权;创造了一个新的交易市场——温室气体排放权交易市场。并由此带动了全球各国碳排放权交易机制的建立和交易市场的发展。

（一）碳排放受《京都议定书》约束的发达国家纷纷建立起强制交易机制

1997 年《京都议定书》通过之后,为完成《京都议定书》的减排承诺,一些发达国家也纷纷效仿建起温室气体排放权交易机制体系。丹麦在 2001 年启动了管理电力生产行业二氧化碳排放的国内排放贸易体系,2005 年挪威建立起了涉及冶炼、水泥和石化等行业的排放交易机制,这其中最典型的是 2005 年欧盟的温室气体排放交易机制的建立,把欧盟各成员国组成一个跨国型的碳排放权交易市场。

由于这些国家的碳排放都受到《京都议定书》约束,有量化的总体减排目标,其所建立起的市场交易机制同京都机制一样,都体现出法律规范性和强制性的特点,都是建立在相关法律和管制机构对温室气体排放者的排放总量进行强行限制的基础之上的。这种由法律机制建立起来的受政府管理的温室气体排放交易市

场称为强制市场,如欧盟温室气体排放交易市场是由《欧盟温室气体排放交易指令》建立起来的,所有成员国都要遵守这一法律指令文件,并受欧盟委员会的管理。强制性主要表现为在排放权的初始分配市场,各国或企业必须首先从管制机构获得温室气体排放的许可,即排放权,才能向大气中排放其获准排放数量的温室气体。未经许可或超出排放许可的排放行为将受到管理机构的处罚。而需要超额排放温室气体的企业必须通过在排放权市场购买才能获得其需要数量的温室气体排放单位。也就是说,只有获得管制机构审核和批准的排放单位,才能计入购买排放权企业的允许排放额度。总而言之,强制性特征贯穿在温室气体排放权交易的整个过程中。

由于强制排放交易市场机制下的排放量是受法律约束的,因此强制排放交易市场的中排放权交易需求较有保障,碳交易市场的成交量和成交额近年来都有较快的增长。2007 年成交量是29.41 亿 t 二氧化碳,成交金额是 627.44 亿美元;2008 年成交量是 47.79 亿 t 二氧化碳,成交金额是 1 346.47 亿美元;2009 年成交量是 86.54 亿 t 二氧化碳,成交金额是 1 433.97 亿美元。并在2011 年达到顶峰,2011 年全年碳交易产值达 1760 亿美元,折合成人民币超万亿元。尽管受价格下降的影响,2011 年之后碳交易金额出现了一定的下滑,但 2014—2016 年交易额仍稳定在500 亿美元左右,全年实现的碳交易量也维持在超过 70 亿 t 二氧化碳当量的高位。

（二）碳排放不受《京都议定书》约束的国家地区则建立起自愿减排交易机制和交易市场

除在《京都议定书》基础上建立起来的强制与规范市场之外,有些没有加入或不受《京都议定书》限制排放的国家和地区则建立了自愿参与的温室气体排放权贸易市场。自愿减排(Voluntary Emssion Reduction,简称 VER)是随着《京都议定书》下的强制型交易机制市场的发展,而形成的另外一种交易市场。2015 年 12

月 12 日,在《联合国气候变化框架公约》背景下,既《京都议定书》《哥本哈根协议》(该协议于"哥本哈根世界气候大会"中达成,为无约束力协议)之后,世界各国在巴黎气候变化大会上通过了《巴黎气候变化协定》,承诺按照各自能力和自愿原则进行国家自主贡献下的温室气体减排。

在自愿减排交易市场中,政府、公司、非政府组织或个人为了对自己排放的温室气体进行各种形式的抵消,力图实现"碳中和(以减排抵消生产经营活动中产生的碳排放)",自愿购买碳信用额(VERs)。市场主体购买自愿型减排额,大致有以下几种原因:第一,机构、公司为了公共关系形象、社会责任和商业广告等因素,自愿买入碳信用。第二,政府机构、非政府组织、个人等出于对低碳生活方式的热爱和宣传,自愿购买碳信用以实现"碳中和"。第三,投资买入碳信用(VERs),通过再出售碳信用项目获取利润。第四,一些外资企业在国内投资的减排项目、减排量产生在 CDM 注册前等,无法按照 CDM 项目的要求进行开发,转而申报 VER 项目。

与强制碳排放权交易机制不同,自愿型碳交易由于是基于自愿形式,因此没有一套特定的法规。相比 CDM 项目而言,VER 项目的减排量交易价格较低,然而由于减少了部分审批环节,开发周期也相对较短。但在自愿减排交易机制体系中,碳信用的形成大多是需要经过具有独立核证实体(DOE)资格的第三方标准认证的。[①] 目前自愿碳排放交易的标准较多种,主要有以下几种。

(1)黄金标准(Gold Standard)作为第一个针对 CDM、JI 及自愿减排等温室气体减排项目而开发的独立的、高质的、可靠的减排认证标准,是由世界自然基金会(World Wild Fund)、南南—

---

① 有些自愿交易,只要买家认可即可,无须第三方认证。在 2007 年的场外交易市场(OTC)中,绝大部分碳信用均是第三方核证的,只有 11% 的信用项目未有任何核证,0.04% 的信用是卖方核证,0.002% 是买方认证。

南北合作组织(South-South North Initiative)和国际太阳组织
(Helio International)共同发起的。黄金标准在强调项目对温室
气体产生额外减排之外,还非常注重项目本身在社会、经济和环
境可持续发展方面的作用,因而获得了世界上主要的非政府组织
(NGOs)和众多买家的认可和青睐,已得到全球 51 家国际组织
的支持。在目前自愿碳减排市场上被誉为"最严格、最高端的碳
信用产品"。

(2)自愿碳标准(Voluntary Carbon Standard,简称 VCS)是
国际碳排放交易协会(International Emission Trading Associa-
tion,简称 IETA)与世界经济论坛(World Economics Forum,简称
WEF)于 2005 年底开始所倡议的标准,该标准引用 ISO14064 - 2
条文之精神,进行温室气体减排项目的量化、监督与报告。作为
自愿碳交易市场产生可靠的减排额度(Voluntary Carbon Unit,
VCU)所遵行标准,为自愿进行温室气体减排计划的企业,提供
一个自愿性减排交易登录平台,以自由贸易来达成企业温室气体
减排的目的。

(3)自愿性核实减排标准(Voluntary Emission Reduction,
VER),该标准于 2007 年由南德意志集团引入,以清洁发展机制
(CDM)和联合履行(JI)的方法学为基础,用于核查自愿碳抵消项
目中所产生的碳信用。

(4)自愿碳抵消标准(The Voluntary Offset Standard,VOS),
作为一种接受其他标准和方法的碳抵消筛选机制,该标准目前接
受黄金标准和采用清洁发展机制程序的项目。该标准由提供与
碳有关的投资与服务的一个非赢利协会——国际碳投资服务协
会于 2007 年启用。

(5)芝加哥气候交易所标准(Chicago Climate Exchange,CCX),
芝加哥气候交易所是设于美国的一个自愿的基于法律约束力的
温室气体减排交易体系。规定了七种类别的交易抵消项目为合
格的减排项目,包括农业和林业部门的一些活动。

(6) 气候、社区和生物多样性标准(The Climate, Community & Biodiversity Standards, CCBS),该标准具备非常完善的利益相关者程序,强调环境效益。

2016 年全球自愿减排项共 8 大类 36 子类,交易量最多的是造林项目、新能源项目和垃圾填埋场甲烷项目,其中 REDD+项目居交易量之首。买家在选择减排项目类型时,会考虑项目是否有协同效益(扶贫、增加就业等),减排原理是否简单明了,以及价格因素等。由于认证标准不同,对项目的要求就不同,因此 VER 市场的碳价格会随认证标准的不同而不同,以 2009 年 10 月的 VER 价格为例,黄金标准(Voluntary Gold Standard, VGS)认证的 VER 价值约 15.80 美元/t,而美国加州气候行动注册(California Climate Action Registry, CCAR)认证的 VER 平均价格核定为 10.80 美元;以自愿碳标准(Voluntary Carbon Standard)认证的 VER 均价为 7.30 美元,而芝加哥气候交易所(Chicago Climate Exchange, CCX)交易的价格为约 3.90 美元。

除了建立自愿交易机制和标准外,一些国家和地区还成立了基于企业自愿组织的交易平台,如美国芝加哥气候交易所(CCX)、BlueNext 环境交易所、加拿大蒙特利尔气候交易所和澳大利 SFE 交易所。欧洲市场建立了六个自愿减排体系相关的交易所:欧洲气候交易所(ECX)、欧洲能源交易所(European Energy Exchange, EEX)、北欧电力库(Nord pool, NP)、Powernext 交易所、Climex 交易所、奥地利能源交易所(Energy Exchange Austria, EXAA)。在自愿交易市场中,地方政府、行业和企业成为了主力军。如澳大利亚南威尔士州的温室气体减排计划,美国马萨诸塞州对现有火电厂的二氧化碳排放进行限制的贸易体系,2008 年由美国东北部和中大西洋各州为自愿达成的减排目标,组成的地区间温室气体倡议(Regional Greenhouse Gas Initiative, RGGI)。此外,一些大型跨国公司也建立了内部的排放贸易体系来实现温室气体的减排,如英国石油公司(BP)和壳牌(Shell)公司表(3-1)。

目前自愿市场交易额在国际碳交易额的比例很小,不过随着民众、企业组织等环保和低碳意识的不断增强,自愿交易市场的增长潜力会很大。近年来很多非政府组织从环境保护与气候变化的角度出发,开发了很多自愿减排碳交易产品,比如主要关注在发展中国家造林与环境保护项目的 VIVO 计划;澳大利亚、美国的地区间温室气体倡议(RGGI)等。2006 年自愿型市场的交易量为 1 400 万 t,交易量为 7 000 万美元;随着自愿排放交易标准的日趋完善和丰富,一些自愿减排项目也趋于成熟,自愿减排交易市场迅速发展,2016 年全球自愿减排市场交易量为 6 340 万 t 二氧化碳当量,比 2015 年下降 24%。当前自愿减排市场是买方市场,大量减排项目没有卖出,主要原因包括未能找到买家(占 48%)、寻求更高出售价格(36%)。2016 年全球共 65 个国家签发并卖出了自愿减排项目。各大洲中亚洲自愿减排项目出售量居首,为 2 150 万 t 二氧化碳当量,其中印度项目出售了 1 000 万 t 二氧化碳当量,韩国项目出售了 340 万 t 二氧化碳当量,中国项目出售了 330 万 t 二氧化碳当量。大洋洲项目出售最少,为 55.75 万 t 二氧化碳当量。2016 年自愿减排市场中 99% 的项目都经过了第三方标准核证。核证碳减排标准(VCS)最为普遍,核证了市场中 58% 的项目。

表 3-1　除《京都议定书》交易机制以外的其他碳交易市场

碳交易市场	启动时间	类别	供需交易范围
加拿大 GERT 计划	1998	自愿	北美地区,可再生能源和能源替代项目
美国 CVEAA 计划	1999	自愿	奖励信用额:碳汇
澳大利亚 SFE 交易所	2000	自愿	澳大利亚、新西兰、日本的碳捕获项目 CCS

续表

碳交易市场	启动时间	类别	供需交易范围
BP 石油公司	2000	自愿	公司内部 12 家子公司参与
壳牌集团 STEPS 计划	2000		壳牌化工、冶炼、开采和生产子公司间的交易
丹麦电力行业试点	2001	强制	美国部分州参与的内部市场,已立法
英国排放交易体系	2002	自愿	英国 6 000 家企业间交易,补贴和碳税
欧洲能源交易所 EEX	2002	强制	电力、能源企业交易
美国 CCX 交易所和爱荷华州	2003	自愿	美国公司为主的能源部门和土地利用项目,可从全球项目合作中购买
欧盟排放交易体系 EU ETS	2005	强制	欧盟范围内
挪威排放交易体系	2005	强制、自愿协议	挪威冶炼、水泥和石化企业内部交易,与 EU ETS 衔接
欧洲气候交易所 ECX	2005	强制	EUA、CER 交易
法国未来电力交易所	2007	强制	电力企业交易市场
国际环境衍生品交易所 Bluenext	2008	强制、自愿	排放权现货、期货及其他金融衍生品交易

资料来源:周宏春.世界碳交易市场的发展与启示[J].中国软科学,2009(12):39-48.

(三)碳排放权期货交易机制和期货交易市场的建立和发展

随着各国碳排放权交易所的建立,碳排放交易已经从场外延伸至场内,其交易品种也已由现货发展到衍生品等多种形式。在排放权交易市场上买卖双方进行即时排放许可额度现货交易成熟后,为了帮助碳排放权现货交易规避价格波动风险,同时也有利于为碳排放权现货市场不断注入新的活力,碳排放权期货交易机制和交易市场开始出现和发展,衍生产品也开始创新不断。所谓衍生品交易是指在现货交易基础上发展起来并与其有一定关联、带有更强金融色彩的产品,是金融创新在排放权交易领域的延伸。例如,碳排放权远期交易是买卖双方签订合约,由卖方承诺以双方约定的条件在未来进行的交易,一方按照事先约定的价格支付,一方提供相应的排放额度。在远期合约中,双方要对排放指标的类型、价格和交割结算日等进行约定。再如碳排放期货交易,所交易的对象并非排放许可额度本身,而是一个标明一定排放额度的合约,纽约交易所(CCX)就推出了与自身核准排放额度有关的 CFI 合约(Carbon Financial Instrument,简称 CFI)系列产品,包括现货、期货、期权等,并在分公司 ECX 推出了基于 EUA 的期货合约。全球市场上还出现了掉期和一些与排放额度挂钩的结构性产品。与股票市场类似,碳排放交易市场也出现了市场指数,2008 年,纽约泛欧交易所则推出一个新的确认有低碳排放记录的欧洲公司的碳指数——低碳 100 欧洲指数。

第三节　国际气候谈判过程中的矛盾问题

基于总量控制为基础的碳排放权交易机制离不开一定时期内的总量控制目标和排放权的分配。由于《京都议定书》所定的温室气体排放控制和减排目标执行年限是 2008—2012 年,因此 2012 年以后,《联合国气候变化框架公约》近 200 个缔约方于 2015 年 12 月在巴黎气候变化大会上达成《巴黎协定》,这是继《京都议定书》后第二个具有法律约束力的国际气候协定。由于国际气候协定是有关量化规定和分配各国温室气体排放空间资源的法律约束文件,这涉及了各国的生存空间和发展权问题。各国发展程度不一样,国际气候谈判过程的政治和经济利益的诉求差异也很大,因此国际社会在协调应对气候变暖,制定新的国际气候协定的过程中面临着诸多的矛盾和激辩。综合哥本哈根、坎昆、波兰、巴黎等几次的国际气候谈判峰会来看,国际气候谈判主要矛盾表现在以下三个方面。

一、矛盾问题之一:各国如何公平分担减排义务,合理分配排放许可量

长期以来,在国际气候问题谈判过程中,出现了三大利益集团(发展中国家、欧盟、美日等国组成的伞形集团)。① 这三大利益集团在气候问题解决方案上及和各利益集团内部气候政策协调上存在分歧,导致这些分歧的表面原因是各国对不同的温室气体减排义务分担和排放许可量分配原则的坚守,深层原因是各国政治经济利益诉求不一致。2009 年哥本哈根气候变化会议之所以无果而终,其中就是各国对"如何公平分担减排义务和合理分配排放许可量"这一问题上没能达成共识。

发达国家试图放弃《公约》规定的"共同但有区别的原则",它们坚持认为应对全球气候问题,所有国家都应承担相同的义务,特别是发展中的大国必须承担相应量化的义务。而发展中国家坚持"共同但有区别的原则",认为全球气候问题主要是工业化国家过去几百年过量排放温室气体引发的,发达国家必须承担相应的历史责任和减排义务,并且要在资金和技术支持上帮助发展中国家进行温室气体排放控制,但发展中国家不需承担具体的减排义务。

由于各国利益错综复杂,每个利益集团内部的立场也并不能完全一致。例如,地理环境和需求、利益存在差异的情况下,发展

① 国际气候谈判的利益集团有不同分法,如在发展中国家内部又分为 77 国、岛国等。

中国家集团内部的声音也不统一。例如,小岛国联盟深受海平面上升的直接威胁,支持欧盟提出的更严格的2℃控制目标;甚至提出应该根据小岛国的切身感受,制定全球各国减排的长期目标。石油输出国组织成员国担心,全球减排会影响到国际石油市场,强调国际社会应该帮助其改善经济结构,以适应因全球减排行动对这些国家经济造成的不利影响。非洲最不发达国家因排放量很小,则希望获得更多的国际资金援助。

二、矛盾问题之二:如何公正确定各国温室气体排放量和历史责任

由于各国温室气体历史排放量是评价各国承担气候变暖历史责任和确定排放空间资源分配的依据,涉及各国承担义务和发展权利的公正性问题,成为后京都时代重要争论的问题。《京都议定书》是以国家碳排放总量为指标,但在近年来出现了人均碳排放量、碳排放强度、人均累积碳排放量的提法。这些指标都是为解决如何公正确定各国的历史责任和将来发展空间而提出的,应当说每个指标都有一定的合理性和局限性。

国家碳排放总量指标由于是计量各国过去所有的排放量,该值越大表明一国应该承担的减排责任就越大,其优势是很容易反映各国的历史责任,以此为基础的分配减排义务和碳排放权在一定程度上体现了公正原则中的责任原则。但是近二三十年由于一些发展中人口大国如中国、印度等国家,经济快速增长引发对化石燃料的大量需求,碳排放总量迅猛增长,如中国已成为全球最大碳排放量国家之一;而全球气候变暖不是当前温室气体排放所导致的,而是历史排放累积的效果。[①] 因此以碳排放总量指标确定碳减排责任和碳排放空间的分配,则不能反映全球碳排放的

---

① 温室气体在大气层中留存和危害期长,如二氧化碳在100年会衰减一半,但数百年后仍有20%留存(IPCC,2007a,P.824)。目前大气中留存的温室气体,大部分是发达国家在工业革命以后所排放的。

代内公平,会在一定程度上违背支付能力原则,并限制有着繁重发展任务的发展中国家的生存和发展空间,很难被国际社会特别是发展中国家所接受。

人均排放指标考虑了人际公平,反映各国平均每个人对全球气候变暖中温室气体排放的贡献,其值越大表明该国平均每个人占用了越多的全球大气环境空间资源。发达国家的人均碳排放量和人均累积排放量一直高于发展中国家。2006 年,美国人均排放量达到 5.18 t;中国、印度、巴西的人均碳排放量分别为 1.27 t、0.37 t、0.51 t。人均排放指标反映了人类应有的利用大气资源的平等权利,体现了公平原则中的平等主义原则。同时,人均碳排放与人均 GDP 存在较高的相关度,人均排放量的高低在一定程度上反映了一国居民生活水平的质量。因此,人均排放指标还在一定程度上体现了支付能力原则。但是人均碳排放指标未能体现个体生活环境的差异性,如自然环境、气候条件、能源禀赋等。尽管如此,对发展中国家而言,因其人均排放量尤其是人均累计排放量较低,以此为基础的碳排放权分配机制可以为发展中国家提供更大的生存和发展空间,较易为发展中国家接受。

碳排放强度是表示每单位 GDP 的碳排放量。该值可以反映碳排放的经济效率和能源利用效率,该值越小表明该国的能源利用效率越高。但是,受到汇率变动与能源禀赋差异的影响,碳排放强度不能完全体现各国能源利用效率的差异。[①] 同时,受到汇率变动的影响,碳排放强度的下降率也不能反映提高能源利用效率和转变能源结构的效果。受能源结构、国际分工、发展阶段和城市化水平等因素的影响,发展中国家的碳排放强度明显高于发达国家,例如,2005 年中国和印度的碳排放强度分别是美国的 5.6 和 4.2 倍。基于碳排放强度的碳排放权分配将意味着发展中国家负有更多的历史责任,也需要承担更多的减排义务。若以此

---

① 何建坤,刘滨.作为温室气体排放衡量指标的碳排放强度分析[J].清华大学学报:自然科学版,2004,44(6):740-743.

评价各国的碳排放责任,或者建立碳排放权的分配机制,将难以体现甚至违背公正原则。

三、矛盾问题之三:是坚持污染者负责原则还是消费者负责原则

"污染者负责原则",即要求生产排放者为其造成的温室气体排放污染支付费用。① 这一原则长期以来为国际社会所采用,包括 IPCC 公布的国家碳排放数据也是基于领土责任的"污染者负责原则"计算的。这一方法考虑到了各个国家范围内及每个经济活动主体直接相关的温室气体排放;但没有考虑到温室气体排放服务于出口和国内消费的差异,而认为温室气体排放全部是为国内消费目的服务。② 在这种情形下,如果一个国家只是通过进口国外制造的商品来代替国内生产,就会出现高消费、低排放的矛盾的现象;而其他以加工制造出口贸易为主的国家(主要为发展中国家)就不得不为这部分出口的温室气体排放"买单",这显然有失公平性。这一原则也是京都机制下附件一国家对非附件一国家产生"碳泄漏"现象的原因。有些发达国家为了达到《京都议定书》的减排目标,把高耗能的产业转移到非附件一的发展中国家生产,然后从发展中国家进口所需的商品,造成了"虚假的"减少温室气体排放。

"消费者负责原则"。考虑到"污染者负责原则"的缺陷,以及国际社会对进出口贸易流中隐含碳排放量问题的关注,另一种分配原则——"消费者负责原则"被一些学者提出。③ "消费者负责

---

① 魏本勇,王媛,杨会民,等.国际贸易中的隐含碳排放研究综述.世界地理研究,2010(6):139-147.

② MUNKSGAARD J, PEDERSEN K A.CO$_2$ accounts for open economies:producer or consumer responsi-bility? [J]Energy Policy,2001,29(4):327-335.

③ PROOPS J L R,ATKINSON G, SCHLOTHEIM B F V,et al.International trade and the sus-tainability footprint:a practical criterion for its assessment[J].Ecological Economics,1999,28(1):75-97.

原则"与碳足迹法具有相同的原理,如果消费者要对产品生产过程中产生的生态影响负责,则也应该为与此过程相关的温室气体排放负责。这种方法分配原则将有利于减轻以加工制造出口贸易为主的发展中国家的减排责任,同时会增加以进口消费品为主的发达国家的减排责任。[①] 在核算一国碳排放量时,如果从消费者负责原则角度出发,则要把贸易中的排放也考虑在内,包括进口商品中的隐含的二氧化碳排放量。从这方面来看,"消费者负责原则"显得比"污染者负责原则"更加公平,而且可以避免发达国家故意向发展中国家转移耗能产业造成的"碳泄漏"的现象。

第四节 中国在国际气候谈判中面临的压力与原则立场

一、中国在国际气候问题谈判上面临的压力

由于 2012 年以前,《京都议定书》没有为发展中国家设定减排义务或限制排放量,中国的温室气体排放在这一阶段都不受强制性的约束。但由于中国是全球温室气体排放最大国之一,根据美国橡树岭国家实验室二氧化碳信息分析中心(CDIAC)公布的数据,2008 年中国因能源消费而排放的二氧化碳为 63.3 亿 t,同年美国的排放量为 56.2 亿 t。美国的排放量目前已接近峰值,而中国由于正处于工业化发展阶段,排放量还会上升。由于气候问题谈判实质上是一场各国在争夺发展空间、争取经济利益的国际斗争,因此中国控制碳排放或限量排放的国际压力一直都非常大。在《京都议定书》时代,美国就是以中国没有限量排放为借口之一退出《京都议定书》。在重新制定国际气候协定的后京都时

---

① FERNG J J. Allocating the responsibility of CO_2 over-emissions from the perspectives of benefit principle and ecological deficit[J]. Ecological Economics, 2003, 46(1): 121 - 141.

代,发达国家对中国施加的限量排放要求压力更是不断加强,有些发达国家甚至要求中国作出"可测量、可报告和可核实"具体的约束力的减排承诺。中国为在气候谈判中争取主动,积极在国际社会中树立良好的大国形象,在国际事务中展现其软实力,也相应提出了到2020年单位GDP碳排放强度比2005年下降40%~45%的碳排放控制目标。同时积极协调与发展中大国如印度、巴西等国和77国集团形成统一的气候变化立场,维护发展中国家的发展权益,赢取发展中国国家在未来更大的温室气体排放空间和经济发展空间。

二、中国在气候问题谈判上的原则立场

由于气候问题谈判涉及温室气体排放资源空间的分配问题、经济发展空间和成本的问题,中国作为一个发展中国家,在谈判过程中应该坚持以下原则和立场。

1. 坚持"共同但有区别的责任"继续作为新的国际气候协议的基本原则

"共同但有区别的责任"是国际气候合作的基石。一些发达国家试图放弃"共同但有区别的责任"原则的目的,就是要让中国、印度等发展中大国和排放大国承担减排义务。但从历史责任分析,发达国家不管过去和现在,其温室气体排放量都远大于发展中国家,因此是全球气候变暖的最主要承担者。如果在限量排放和减排义务上,为发达国家和发展中国家设立相同的标准,将有失公平和公正的原则,也将对发展中国家的经济发展起到阻碍作用,因此我国决不应当接受那种不以"共同但有区别责任"为原则的国际气候协议。

2. 坚持"人均排放量"作为衡量国家历史责任的原则

国际社会目前都以国家的排放总量作为衡量该国承担气候变暖的历史责任的重要指标。但这一指标显然对人口大国的发展中国家如中国、印度等国不利。除经济增长、能源结构等因素

外,人口数量因素对温室气体排放量影响非常大。如我国人口众多、经济发展迅速,导致二氧化碳排放总量比较大,但相对于美国以占世界 5％的人口排放了世界 25％的二氧化碳,我国以占世界 22％的人口排放了世界 17％的二氧化碳而言,我国的人均排放量远远低于美国的水平,也低于世界平均水平。如果坚持以"人均排放量"作为衡量一个国家承担气候变暖的历史责任,则会降低我国在国际社会中的排放压力。为了更加公平,目前国内科学家和经济学家倾向于既考虑历史排放量又考虑人均排放量的一个综合指标,即用人均累积排放量来分配未来排放权。这个指标也比较容易计算得到,每个国家逐年的人口、排放量,国际上有权威的数据库,两者相除就得到每年的人均排放量,把逐年的人均排放量加在一起就是人均累计排放量。国内相关课题组进行了详细的计算,认为人均累积排放量的优点要比 IPCC、G8 国家等提出的分配方案要公平得多。

3. 坚持"消费者负责"的原则

由于中国在国际分工中所处的低端地位,中国的出口产品大多都是耗能型的第二产业,因此中国近二三十年温室气体排放量的增长也与对外贸易的快速增长有关,中国事实上替发达国家净排放了显著数量的二氧化碳等温室气体。因此发达国家的消费者应该为中国生产出口产品导致的温室气体排放量负责。在气候变化谈判利益纷争的情况下,中国应该坚持"消费者负责"的原则,切实准确地评估国际贸易对中国碳排放的影响程度,为国家在气候谈判问题上提供可靠、有利的数据支持,减轻中国控制碳排放的国际压力,争取更大的发展空间。中国的二氧化碳排放总量当中,有 20％左右是由出口产品所排放,这种由发达国家消费而由中国"买单"的情况也应该引起关注。

4. 坚持技术创新和转让的原则

应对气候变化最终要靠技术,科技创新和技术转让是应对气候变化的基础和支撑。发达国家有义务在推动本国开发和应用先进技术的同时,促进国际技术合作与转让,切实履行向发展中国家提供资金和转让技术的承诺,使发展中国家得到所需的资金、实用的减排和低碳技术,帮助发展中国家提高减缓适应气候变化的能力。考虑在发达国家承诺提供资金技术支持条件下,我国可适当作出"可测量、可报告和可核实"的可再生能源开发利用和碳强度降低的目标承诺。

第四章 我国建立碳排放权交易机制的必要性和可行性

　　《京都议定书》没有给中国量化强制的碳减排任务,但 2016 年通过的《巴黎协定》确立了"国家自主贡献＋5 年评审"为核心的自下而上的碳减排新模式,首次计划将发展中国家纳入全球强制性减排之列;《巴黎协定》最突出的一个特点是将所有缔约方纳入温室气体减排的行列中,要求所有缔约方承担减排义务。如《巴黎协定》第 4 条第 4 款规定,发展中国家缔约方应当继续加强它们的减缓努力,应鼓励它们根据不同的国情,逐渐实现绝对减排或限排目标,从而表明所有的国家均要减排,仅在力度上不同而已。这无疑与《京都议定书》只规定"附件一国家"承担减排义务完全不同,意味着发展中国家游离于全球温室气体减排框架之外的时代已不复存在。特别注意的是,这种将发展中国家纳入减排之列的做法是强制性的。由于中国是全球最大的碳排放国家,同时正处在城市化和工业化发展阶段中,碳排放仍然保持上升的趋势,因此对我国国内建立碳排放权交易机制的必要性研究显得很有意义。另外,由于我国是发展中国家,这种国情下建立碳排放交易机制是否可行? 本章将从有利条件和制约因素两方面进行分析。

第一节 我国建立碳排放权交易机制的必要性

一、有效应对中国控制碳排放的国际和国内压力的需要

在国内压力方面,中国作为最大的发展中国家,既是温室气体排放大国,同时又深受气候变化之害。中国气候变化的速度很快,在未来 50~80 年全国平均温度可能会升高 2~3℃,到 2030年,中国沿海海平面可能上升 0.01~0.16 m,导致许多海岸区洪水泛滥的机会增大,农业生产也将受到气候变化的严重冲击,洪水、台风等极端气候将显著增加。[①] 解决好气候、环境和资源问题,建设好生态文明社会是我国发展战略的重要组成部分。当前我国在资源环境气候问题的治理上,主要是在耗能型行业由政府指导国有企业进行。例如,我国行业企业能耗降低的目标,大部分情况下是靠政府的行政命令让国有大型企业去做贡献,[②]可以肯定随着我国减排压力越来越大,实现碳排放控制目标,将来不可能也不会单独由大中型国有企业来完成,众多的中小民营企业将来也需要参与进来。由于市场经济手段可以通过价格信号传递,影响到每个行业、每个企业和消费者,探索包括碳排放权交易体系和碳税在内的市场经济化手段运用显得很有必要。

在国际压力方面,虽然《京都议定书》《巴黎协定》目前没有规定中国强制的温室气体减排任务,但我国二氧化碳排放量已是世界最大排放国家之一,并且我国温室气体排放量仍在迅速增长。公布的数据显示,中国已是全球第一碳排放大国,约占全球排放份额的 25%;而在全球新增的温室气体排放量上中国占了 40%;虽然中国的人均排放量为 5.1 t,仅占美国人均 19.4 t 的约四分之

[①] 编写委员会.气候变化国家评估报告[M].北京:科学出版社,2007.

[②] "十一五"国家重点监测考核的企业数量是 1 000 家国有大中型企业.

一;但国际社会总是从排放总量方面对中国减排不断施加压力,除了在国际气候谈判峰会上对中国施压,还以国家和企业的竞争力为借口,从国际贸易上对包括中国在内无强制减排义务的发展中国家施压,如准备征收碳关税、碳配额购买、碳准入、碳审计和信息披露等。将来中国强制减排的压力趋势越来越明显,中国作为负责任的大国承担起减排责任是历史必然。一旦中国面临强制减排压力,如果减排的市场经济手段的基础工作还没准备好,将给我国的减排战略计划实施带来极大困难,即便强制性地"关停并转",只会意味着更大的资源浪费。因此我国在气候谈判策略上与其被动等待,倒不如主动提高自己的环境气候治理考核指标,建立起符合中国国情的市场减排机制手段,展现出中国减排的实际行动和真诚。目前中国已提出自主的碳排放控制目标,即到 2020 年单位 GDP 碳排放强度要比 2005 年下降 40%至 45%的目标,并制定相应的国内统计、监测、考核方法,这些措施还极有利于提高我国在国际气候谈判中的地位和话语权。

二、提高资源配置效率,降低节能减排成本的需要

我国目前控制碳排放主要是通过结构调整和节能减排战略来实现,但行政主导下的减排成本往往代价较大。党的十八大以来,我国奏响了高效清洁发展的主旋律。受新能源快速发展的拉动,我国能源结构加速调整优化。火电行业严格落实国家节能减排要求,节能减排工作再上新台阶。"上大压小"进一步推进,火电机组容量等级结构持续向大容量、高参数方向发展,供电标准煤耗等主要耗能指标大幅下降。2016 年全国火电装机容量10.61 亿 kW,火电装机容量占比下降到 64.3%,其中煤电装机容量 9.46 亿 kW,占全国发电容量的装机比重大幅下降。特别是2013 年以来下降幅度明显,从 2012 的 65.8%,下降到 2016 年的57.33%。关停小火电的总量相当于整个英国的装机容量,结构节能为实现我国节能减排目标总体贡献率为 30%左右。为了完

成节能减排目标,中国政府采取了一系列的措施:强化了节能减排目标责任考核,实行领导问责制;严格控制"两高"项目,大力淘汰落后产能;加大资金支持的力度,实施重点节能减排工程;加快节能减排技术和产品的推广;完善节能减排的财税经济政策等。在面临完成节能减排目标的压力下,我国不少地方出现强制性的节能减排行动,部分省区纷纷采取限电限产甚至关停措施;为了冲刺完成节能减排任务,有的地区不仅仅对高耗能企业用电进行限制,甚至对非高耗能企业和居民生活用电加以限制。

从中可以看出,我国主要是通过行政性手段推动各地区实现节能减排目标,市场化手段运用不足。尽管行政命令手段在短期内具有较好的减排效果,但大大增加了节能减排的社会成本。(1)首先行政主导减排会导致地方政府不择手段地去完成节能减排任务,如有些地方发生的"拉闸限电"现象。(2)行政主导减排往往采取一刀切、划定统一标准的方式进行减排,另外还有平均分配额度的模式,不顾企业的微观效率和客观环境,进行统一的淘汰、升级,结果部分高效率的企业也和低效率企业一样被关停并转。使得高效企业受到抑制,不利于排放额度的有效分配。(3)行政主导的减排政策往往不符合经济规律,难免导致无益的损失。如我国对落后产能的淘汰多是通过行政文件强制淘汰,落后产能的判断标准行政化,极少是通过市场淘汰的,以产量大小规模为淘汰标准。市场经济中竞争力强弱才是判断"先进"和"落后"的重要尺度,规模大小有时与企业竞争力并无必然联系。

正如时任世界银行中国区总裁的杜大伟表示:"从全球排放权交易市场的发展来看,相对于高成本的行政减排,通过市场机制实现低成本的温室气体减排更加有效。尽管过去的两年,中国在节能减排方面已取得了重大进展,但如果加上市场化机制,进展可以更快。"[①]从发达国家经验也可以得到证明,与传统的命令

---

① 田瑛.天津排放权交易所揭牌 中国能效环保市场在加速[N/OL].新华网2008-09-25[2018-01-22]. http://business.sohu.com/20080925/n259752133.shtml.

和控制模式(command-and-control)相比,排放权交易的经济效率明显。美国治理酸雨计划——二氧化硫排污权交易机制实施以来,预计节约成本200亿美元,比传统的命令和控制模式下的成本降低了57%。[①]

当然,在我国市场化机制还不够成熟的情况下,我国的节能减排离不开国家政策的引导和行政管理的干预;发展市场机制手段进行节能减排,是用市场的机制与行政手段一起相配合,打组合拳,不是相互取代关系。用市场的机制来配合行政手段来对待减排,将会更有效,成本也会更低。

三、调动全社会资源推进节能减排事业发展的需要

以往,我国实现降低单位GDP能耗和碳排放的目标主要依靠的是行政和财政手段,而没有充分调动社会资源,尤其是私人资本在节能项目上的投入较少。初步计算,我国可能需要动用上万亿元的资金,才能够达到降低单位GDP碳排放强度40%~45%的目标。综合利用行政手段和市场化手段,鼓励全民参与碳减排,而不是只有接受行政命令或者财政补助的企业参与,从而形成长效的碳减排激励机制,这才是我国在碳排放压力越来越大的条件下,继续保持经济又好又快、和谐发展的有效途径。

"十一五"期间,我国利用财政投入建设了十大重点节能和环保工程,总计1 285亿元,形成节能能力2.6亿t标准煤,约合6.8亿t二氧化碳。如果其中一半投入节能工程,可以算出其中这些二氧化碳减排的成本大约为94元/t。假设将来我国降低碳排放的成本是100~200元/t(考虑将来减排越来越难,减排成本比现在高),累计需要投入4 000亿~1万亿元。[②] 仅仅依靠行政手段降

---

① 彭奕,朱强.国际温室气体排放交易机制的理论和实证.国外理论动态,2009(10):34-35.

② 机制缺失 中国碳交易尚缺定价权.[N/OL].中国商报,2010-07-09[2010-07-09].http://www.chinanews.com.cn/ny/2010/07-09/2392462.shtml.

低碳排放量,这需要财政持续投入大量资金。更进一步的问题在于资金的利用效率比较低,而且不能调动企业和居民减排的主动性,最终导致减排量不足。

发达国家主要依靠排放权交易市场化手段鼓励企业减排,由于多减排的排放许可配额可以在市场上销售获利,这样就激励了私人资本和金融资源向节能减排产业方向调配。减排市场化大大降低国家的财政负担,增强了企业和居民减排的主动性。建立碳排放权交易机制,也可以使企业根据排放许可配额的价格,在自主投资减排技术和购买碳配额之间进行选择。在碳价格信号指导下,投入减排项目的私人资本的效率会得到保证,有利于企业对节能减排技术长期开发投资的规划。碳排放权交易主体范围可根据时机不断进行扩大,将非政府组织等民间团体纳入碳排放权交易主体,允许其为改善环境状况,减少二氧化碳排放而购买并持有碳排放权,从而在总量确定的基础上减少二氧化碳的排放,降低污染水平,改善环境质量。既给予公众直接参与应对气候变化、参与环境管理的机会,又为活跃碳排放权交易市场提供了广泛的参与者和大量的资金。

建立碳交易市场,形成碳交易,还可以较为容易地发现减排的真实成本。这样,计算用于减排的国家财政投入量也就有了一个参照标准,行政手段的效率也就有了保证。

四、降低碳排放与保持企业竞争力之间平衡的需求

降低碳排放,企业必须进行节能减排技术方面的投资,生产成本、经济效益和企业的竞争力都会受到影响。碳排放权交易机制具有低成本高效率(cost effective)地实现减排目标的内在功能。碳排放权交易机制建立以后,碳排放权可以像一般的商品在排放企业之间进行交易;由于不同企业的边际减排成本不同,边际减排成本高的企业可以向边际成本低的企业购买超额排放的排放权,从而降低企业的减排成本,保持企业的竞争力。另一方

面,通过投资开发减排技术而多减排的企业,则可把多余的排放权指标出售给排放权不足的企业,从中获得收益以弥补技术投资成本,保持企业的竞争力;因此各排放企业会在排放权价格和边际减排成本上决定是从市场购买排放权配额还是投资减排技术。假设市场上有两个企业 A 和 B,每年各自排放 10 万 t 的二氧化碳,但政府分配给这两家企业的排放权是 9.5 万 t,即各自需减排 5 000 t 的二氧化碳。再假设 A 企业通过技术投资,减排成本降为 10 美元/t,而 B 企业减排成本为 30 美元/t,排放权的市场价格为 20 美元/t。如果不存在排放权交易市场时,A 企业的减排成本为目标减排量 0.5 万 t×减排成本 10 美元/t=5 万美元。但存在排放权交易市场时,A 企业可以减排更多的二氧化碳,如按 10 美元/t 的成本减排 1 万吨,花费的减排成本是减排量 1 万 t×减排成本 10 美元/t=10 万美元,此时 A 企业只排放了 9 万 t 的二氧化碳,相对所分配到的 9.5 万 t 的排放许可配额,A 企业可以把多余的 5 000 t 排放权按 20 美元/t 的市场价格销售出去,从而获利 10 万元,刚好抵消 1 万 t 的排放成本,这样 A 企业的减排成本为 0。同样,B 企业的自行减排成本为目标减排量 0.5 万 t×30 美元,减排成本=15 万美元。当存在排放权交易市场时,B 企业可以在市场按 20 美元/t 购买 5 000 t 排放权,购买成本只有 10 万元,比直接减排成本 15 万元节约 5 万美元。因此 A 和 B 企业通过碳交易市场都相对地以较低的成本实现了减排目标,保持了企业在市场中的竞争优势。

五、促进低碳技术和产业发展的需求

要减缓温室气体排放、控制碳排放,一个重要的措施就是要大力发展节能环保、新能源和可再生能源等低碳技术的创新和产业的发展。2010 年的《政府工作报告》中指出我国要大力开发低碳技术,努力建设以低碳排放为特征的产业体系和消费模式。技术进步和创新是控制碳排放的决定性力量,而技术创新有赖于产权制度的保护和引导,产权制度创新是技术进步和创新的强大推动力,是发展低碳经济的制度保障,为了促进技术创新,应创造良好的制度环境。当大气环境容量资源是公共物品时,经济主体可以无成本消费大气环境容量时,控制排放的内在动力为零;但当大气环境容量资源的产权被清晰界定时,大气环境容量资源就要求被有偿使用,环境容量的稀缺程度将通过市场价格反映出来。当这种制度安排使经济主体必须以相对高的价格取得排放权时,就提供了寻求减排技术的内在激励。也就是说,企业就会根据其减排成本与市场排放许可证价格的比较进行决策,决定是选择采取减排技术而实现自身减排,还是不采取减排技术多排放而购买市场排放权,减排技术所导致的减排成本小于购买排放权成本时,就会开发和运用减排技术。而行政主导的减排政策不利于激励企业通过技术创新实现减排。在行政主导模式下,企业缺乏通过技术创新实现持续减排的激励,当企业的减排量符合行政标准后就缺乏进一步追求开发应用新的减排技术的动力。因此,在环境容量资源产权或者说是排放权明晰的情况下,追求利润最大化的内在冲动推动着经济主体不断提高减排技术。而减排成本的下降又将促进减排技术的普及推广,推动着低碳技术产品市场和产业的发展。此外,由于在碳排放权交易市场上,碳减排额度可以作为一项商品出售获利以弥补投资成本,因此这为技术开发商提供了持续的开发研究和投资动力。[①] 当面对着碳排放交易市场潜在的更大需求时,开发商会加大投资开发新技术,同时提供了更多的核证减排额,也活跃了碳交易市场的需求和供给。因此这种技术创新与排放权交易制度的互动循环,将推动低碳减排技术产业的发展与排放污染治理边际成本的下降。

---

① 李向阳.全球气候变化规则与世界经济的发展趋势[J].国际经济评论,2010(1):19-28.

六、推动低碳经济发展，实现经济方式转变的需求

中国正处于工业化中期，经济的高速发展，较大程度上是依赖于化石能源资源的消耗。随着工业化进程的加快，中国碳排放量势必有所增加，因此减排在中国比之在其他国家有着更大的压力。显然，中国进行减缓气候变化的政策和行动，实现 2020 年碳排放强度比 2005 年下降 40％～45％ 的控制目标，不可能通过放慢经济发展速度来达到，而必须依靠发展低碳产业、调整产业结构、转变经济增长方式来实现。

高排放、高能源消耗是现阶段我国工业化进程特别是重化工业化阶段和粗放型经济增长方式的主要特征。中国是世界上单位 GDP 能耗最高的国家之一。目前，中国钢铁、有色、水泥、石化、电力等 8 个高能耗行业主要产品的单位产出能耗平均比国际先进水平高出 40％。中国的能源利用效率仅为 33％，比发达国家落后 20 年，相差约 10 个百分点。电力、钢铁、有色、石化、建材、化工、轻工、纺织 8 个行业的主要产品单位能耗平均比国际先进水平高 40％；钢、水泥、纸和纸板的单位产品综合能耗比国际先进水平分别高 21％、45％ 和 120％，在中国的能源结构中，转换效率较低的煤电和油电比例占 83％，2007 年中国 6MW 以上的大煤电转换效率仅为 42％，而发达国家的天然气联合循环效率可达 55％～60％。要解决我国经济增长的高排放、高耗能的问题，就必须解决能源的使用效率问题，改变能源生产和能源密集型企业的技术结构，实现产业结构调整和我国经济发展方式的转变；调整进出口结构，改变粗放的出口结构，降低高耗能、高排放产品的出口比重。

从国外的碳排放权交易机制的实践来看，碳排放权交易体系一般会选择金属加工冶炼、火电发电、石油化工、造纸等高能耗型行业作为主要限排行业排放，碳交易体系通过碳的价格赋予一个激励机制，会刺激能源密集型工业的节能减排活动，激励低能耗、

低排放产业的发展。排放权交易市场由于涉及节能减排技术改造项目和清洁能源项目的开发利用,这些项目可提高企业的能源利用效率和企业生产方式的改进,促进我国产业结构的调整和经济发展方式转变,从而达到推动我国可持续发展的目的。

七、推动我国碳金融产业发展和提升我国在国际碳产业链地位的需要

首先,中国的实体经济企业为国际碳交易市场提供了众多核证减排额,但由于国内碳交易机制和碳交易市场建设的滞后已经使中国丧失了在全球碳交易市场的定价权和主动权,使中国处在整个碳交易产业链的最底端,不得不接受外国碳交易机构设定的较低的碳价格。于是,中国创造的核证减排量被发达国家以低廉的价格购买后,通过他们的金融机构的包装、开发成为价格更高的金融产品、衍生产品及担保产品进行交易。如目前国内的二氧化碳排放每吨交易价格在 6 欧元左右,而国际市场的交易价格一般在每吨 15 欧元以上。不仅如此,他们还正在全力吸引中国的金融机构参与到他们所建立的碳金融市场中,进而赚取中国资本的利润。这就像中国为发达国家提供众多原材料与初级产品,发达国家再出售给中国高端产品,赚取"剪刀差"利润,有所不同的是这里的"剪刀差"之"差额"是巨大的。[1]

其次,由于我国碳交易、碳资本与碳金融等发展都落后,不仅缺乏成熟的碳交易制度、碳交易场所和碳交易平台,更缺少碳掉期交易、碳证券、碳期货等各种碳金融衍生品的金融创新产品及科学合理的利益补偿机制。这使中国不仅在国际碳交易市场中缺失定价话语权,而且还使中国企业在 CDM 项目建设周期和国际碳市场价格下滑时,面临着违约风险,而国内又没有相应的交

---

① 李建建,马晓飞.中国步入低碳经济时代——探索中国特色的低碳之路[J]. 广东社会科学,2009(6):43-49.

易机制和交易所，使这一项目的排放权在国内市场上出售。①

最后，当前碳交易市场机制，不仅具有降低碳减排成本的功能，而且"准金融属性"功能已日益凸显。发达国家在《京都议定书》《巴黎协定》对其限量排放和强制减排的约束下，都在厉兵秣马地构建碳排放权交易机制和交易市场，以期让排放权能在市场上自由买卖。随着碳交易市场规模的扩大，碳货币化程度越来越高，碳排放权进一步衍生为具有投资价值和流动性的金融资产。此外，包括 CDM 机制在内的国际碳排放交易机制规则中的核心法律文件，大量使用欧洲法律概念，参与他们的交易，必须遵循他们的游戏规则。相比之下，发展中国家的碳金融要落后许多。在这种背景之下，中国是否发展碳交易已不仅仅是个国际谈判的政治问题，从长期来看更是一个争夺未来新兴碳金融市场话语权的战略问题。

因此只有我们国内建立起稳定成熟的碳排放权交易机制和交易市场时，我国才会形成自己的市场定价机制，这样不仅能够有效保护国内企业利益，避免受制于人，也会对国际碳排放交易市场的供求产生巨大的影响，从而能够提高我国企业在国际碳交易市场中的地位，促进我国在国际碳排放交易市场规则制定的影响力。此外，在国际社会形成绿色低碳发展潮流时，我国建设全球规模最大的碳市场，有利于我国企业提前适应与碳排放相关的约束规则，加强企业的应对能力，帮助我国企业更好地适应国际社会可能出现的针对碳排放的各种投资和贸易约束，帮助企业克服走出去的障碍。正是由于发展碳市场所具备的重要战略意义，2013 年，党的十八届三中全会通过《中共中央关于全面深化改革若干重大问题的决定》，建设全国碳排放交易市场成为全面深化改革的重要任务之一。此外，发展碳市场作为一项政策行动，也被纳入我国提交给联合国的国家自主贡献文件中。因此，发展碳排放交易市场本身就是我国向国际社会承诺采取的政策行动之一。

① 孙阿妞.我国发展碳金融存在的问题及对策分析[J].武汉金融，2010(6)：19-21.

第二节　我国建立碳排放权交易机制的可行性

一、我国建立碳排放权交易机制具备的基础条件

1. 二氧化碳的减排成本具有差异性

只有存在边际减排成本的差异,买卖双方才可能通过交易共同获利,这是排放权交易机制有效性的前提条件。目前国家统计报告没有国内各省市和地区碳减排边际成本的具体数值,但通过单位 GDP 能耗所反映的平均成本进行分析可以看出我国各省市和地区在碳减排成本上的差异。下表主要选取了 2005—2011 年单位 GDP 能耗最多(前 4 个省)与最低(后 4 个省市)的省市地区的数据。

表 4-1　2005—2011 年我国各省市的单位 GDP 能耗(t 标煤/万元)

省份	年份						
	2005	2006	2007	2008	2009	2010	2011
全国平均	1.226	1.204	1.155	1.102	1.077	0.81	0.79
宁夏	4.14	4.099	3.954	3.686	3.454	3.308	2.279
贵州	3.25	3.188	3.063	2.935	2.348	2.248	1.174
青海	3.07	3.121	3.062	2.875	2.689	2.550	2.081
山西	2.95	2.888	2.757	2.554	2.364	2.235	1.762
上海	0.88	0.873	0.833	0.801	0.727	0.712	0.618
浙江	0.9	0.864	0.828	0.782	0.741	0.717	0.590
广东	0.79	0.771	0.747	0.715	0.684	0.664	0.563
北京	0.8	0.76	0.714	0.662	0.606	0.582	0.459

说明:(1)西藏自治区的数据暂缺;(2)统计公报不含香港特别行政区、澳门特别行政区和台湾地区的数据。

从 2005—2011 年国内主要省市的单位 GDP 能耗数据看,各省市的能耗相差值较大,单位 GDP 能耗数值最大的地区大都处于我国西部经济状况比较落后的地区,比如宁夏、贵州、青海、山西、内蒙古和甘肃。单位 GDP 能耗数值低的地区大都位于东部沿海经济状况较发达的地区,比如海南、江苏、上海、浙江、广东和北京。并且其中有些地区差异还很大,以 2011 年数据为例,宁夏、贵州、青海、山西、内蒙古、甘肃的单位 GDP 能耗是北京的 3～5 倍。2005—2011 年,能源强度的差异,也反映了国内不同省市和地区之间的碳减排平均成本存在着较大的差异。[①]

通过上述分析,我国已经具备了国内碳排放权交易市场的客观条件:国内不同省份之间存在能源消耗强度的差异;单位能耗和减排成本的差异使得在不同的省份和地区之间实行碳交易,可以降低全社会减排的总成本,是"有利可图"的。

2. "总量控制"已成为我国环境治理的核心思想

从国家到省、市、县,各级政府均已认识到只靠浓度控制达不到改善环境治理的目的,污染控制政策必须从"浓度控制"转到"总量控制"上来。为此,国务院将主要污染物排放总量作为《国民经济和社会发展第十一个五年规划纲要》确定的两项约束性指标之一,明确指出在可能持续发展方面要求是:生态环境恶化趋势基本遏制,主要污染物排放总量减少 10%,森林覆盖率达到 20%,控制温室气体排放取得成效。在"十一五"期间节能减排目标任务分解过程中,"污染物总量控制"已成为各省环境管理的核心思想,对排污企业提出了更高的减排要求。例如,在一些试点省份已在全省范围内实施了污染物排放总量控制、排污申报与排污许可证、环境影响评价及排污收费等制度,这些为开展排污权初始分配提供了基础条件,也为我国碳排放交易的开展奠定了良好的思想基础。

---

① 郭向楠,郝前进.以碳排放权交易市场促进我国节能减排目标的实现[R/OL].[2010 - 11 - 22].http://www.caepi.org.cn/suggest/24547.shtml.

3. 物排放权(排污权)交易试点已积累了一定的经验

我国在污染物排放权初始分配与有偿使用方面进行了有益的尝试和探索,出台了一系列相关的文件和政策。如嘉兴市秀洲区出台了《水污染物排放总量控制和排污权交易暂行办法》,实行了水污染初始排污权的有偿使用,经过 5 年多的探索实践,2007年嘉兴市根据试点的经验制定了《嘉兴市主要污染物排污权交易办法(试行)》,二级交易市场有了一定规模。在区域范围内实施了污染排放总量指标有偿使用,企业对环境资源有价的观念得到广泛认可,认购初始排污权配额指标踊跃。浙江省环保部门在开展大量调研的基础上,制定了排污权交易框架性文件,初步规范了排污权有偿使用和交易的程序、方法,省级交易平台已开始准备启动。除浙江省外,广东、江苏、山东、山西、河南、上海、天津等省市也开展了总量控制和排污权交易试点工作,为我国的排放权交易积累了一定的经验。

4. 碳排放交易在中国实施已有一定的基础

我国政府和企业积极参与 CDM,虽然清洁发展机制是基于项目的交易机制,不同于基于配额的交易机制,但我国政府和企业从实践中会对排放交易机制和相关规则有所了解,此外还会从中培养出一些专业的碳排放权交易的国际标准人才和第三方中介机构,可以完成对碳排放量的国际认证,这些为我国将来的碳排放权交易机制建立了必要条件。最后,我国企业参与 CDM 项目,从中培养了碳资产和碳排放权的相关意识和概念,并对碳减排和碳交易产生了需求,目前我国企业有大约 2/3 的 CDM 项目申请没有得到联合国的认证,这一部分碳排放资源将来可以在国内碳市场上进行交易。此外,我国已经建立起多家地方性的排放权交易所和交易平台,为将来碳排放权交易奠定了一定的硬件基础。

我国碳排放权交易试点取得了长足进步和稳步发展。在2013 年和 2014 年我国分别开始正式运行 7 个省市碳排放交易试点体系,已运行了 3～4 个完整的履约周期,对试点体系的各关键要素和各环节的设计进行了完整的测试。在国家及试点地区各方的共同努力下,我国 8 个碳排放权交易试点充分借鉴国外相关体系设计和运行的经验教训,紧密结合试点实际,在较短时间内完成了各自体系的设计工作,包括建立体系的法律基础,明确体系的覆盖范围,建立排放数据的监测报告和核查体系,对纳入体系重点排放单位的历史数据进行核查,确定体系的排放上限,制定配额分配方法,明确对未履行义务单位的处罚措施,建设注册登记系统和交易系统等各个方面。碳排放权交易试点的实践为我国全国碳排放权交易体系的建设和运行奠定了坚实的理论和实践基础。

5. 国家控制碳排放强度的承诺目标和国际社会的舆论为排放权交易机制的建立提供了动力和压力

2009 年 11 月,在哥本哈根气候变化大会召开前夕,我国提出了清晰的节能减排量化目标,即至 2020 年国内单位 GDP 的二氧化碳排放量比 2005 年下降 40%～45%。该目标将作为约束性指标纳入国民经济和社会发展中长期规划。为实现国家的碳排放强度目标,探索建立包括碳排放权交易机制在内的市场机制,必定会成为环保部门关注的重点,这为我国排放权交易机制的建立提供了内在动力。在 2010 年 10 月 27 日公布的《中共中央关于制定国民经济和社会发展第十二个五年规划的建议》中,包含着引人注目的一段表述是"逐步建立碳排放交易市场"。这是首次以中央文件的形式给"碳排放交易"给出明确的实施时间。2010 年 10 月 18 日国务院下发了《国务院关于加快培育和发展战略性新兴产业的决定》,提到要建立和完善主要污染物和碳排放交易制度。2016 年 4 月 22 日中国签署《巴黎协定》并承诺,使二氧化碳的排放量在 2030 年左右达到峰值;中国将落实创新、协调、绿色、开放、共享的发展理念,全面推进节能减排和低碳发展,迈向生态文明新时代。建设碳排放交易市场是我国实现对《巴黎协定》诺言的重要保证。此外,国际社会以中国为最大的碳排放总量国家为由,不断对中国施加减排压力,这也会为中国探索建立碳排放权交易机制提供外在的压力。

6. 发达国家在排放权交易机制方面的成功经验可供借鉴

从国际上来看,利用市场手段实施减排已是大势所趋,各国都在积极建设发展相关市场,并收到了较好的效果,也为中国提供了参考的价值。最早实施排放权交易机制的国家是美国,排放权交易机制的建立和实施,在美国取得了良好的经效益和环境效益。受其影响,发达国家相继采取类似的市场手段措施用于治理环境污染。在气候变化问题变得日益受关注的背景下,排放权交易机制开始被发达国家用于解决碳排放的外部性问题,其中最为典型的是《京都议定书》下的排放交易机制和欧盟温室气体排放权交易机制。温室气体排放权交易机制所实践的绩效也同样较为显著,使得近年来发达国家的温室气体排放权交易机制的建设经验不断被发展中国家所重视和借鉴。

二、我国建立碳排放权交易机制存在的制约因素

1. 思想认识的障碍

受传统政府行政主导治理环境的影响,我国现行的相关环保法律在原则、制度设计上,还是过于强调政府的作用,过于强调使用行政管理的手段,忽视充分发挥市场经济手段在环境气候治理中的作用,这种思想观念不利于排放权交易机制的建立和完善。

2. 中国企业缺乏强制减排温室气体的压力

一个国家温室气体排放政策的形态和强度,往往取决于是否有国际性的减排义务。由于大气环境容量资源的公共属性,没有国际减排义务的国家在进行自发减排努力时,会缺乏内在的动力。首先,中国目前还不属于《京都议定书》上的附件一的国家,还不包括在国际温室气体排放总量管制范围之内,不需强制减排,企业也没有强制减排温室气体的责任和压力。如果政府没有

对企业的碳排放进行法规上的限制，那么碳排放权就没有稀缺性，肯定无法成为一种商品。其次，从中国目前工业化发展和城市化发展阶段来看，国内碳排放仍将处于上升阶段，如果设置一个全国性的绝对总量限排，有可能会阻碍我国经济的发展。这成了我国开展碳排放权交易的一个约束性的条件。2009年，我国政府提出了到2020年单位GDP二氧化碳排放强度比2005年下降40%～45%，并作为约束性的指标纳入国民经济和社会发展长期规划中，并制定了相应的监测、考核办法。但碳排放强度只是个相对的总量控制指标，即是碳排放总量与GDP总量的比值，并不是对碳排放总量的绝对控制。因此如何利用这个相对的碳排放总量控制指标，来设计我国碳排放权交易机制体系，建立起适合我国国情的碳排放权交易机制和交易市场，这对我国的相关部门和专家学者来说是个考验。

3. 环境资源价格市场化偏低的障碍

我国还存在着环境资源价格过低或者有些资源还存在无偿使用的问题，导致使用者过度使用资源和造成环境污染。我国在产品的强制能效标准、产品的节能标准与标识、行业能效的标杆管理、政府节能减排产品采购等方面的政策与实施方面，同国外还有明显的差距。环境资源价格过低和国家对能效标准要求不严的负面影响是显而易见的，它对于节能、技术进步和结构调整等都不能形成正向的激励，这样也必然会影响排放权交易市场的活跃性。

4. 政策法规体系支撑薄弱

《大气污染防治法》《水污染防治法》等虽已提到了排污总量控制及排污许可证制度，地方也陆续开展了排污交易试点，但国家层面上的排污权交易法律法规依然处于空白状态，甚至也没有一个排污权交易技术指南。例如，我国在总量控制、大气环境容量资源的有偿使用上缺乏严格的法律依据，而环境容量资源的使用从"无偿"到"有偿"的立法是排放权交易机制建立的法律基础。

此外,排放权的界定、排放权的分配、排放权的保障、排放权的交易中可能出现的问题裁决等在国内都没有相关的法律依据,这些立法工作如果没有落实,将来排放权交易在实践中必然会出现很多纠纷,排放权交易市场也必很混乱。法律基础薄弱也是导致当前正在进行的二氧化硫排放权交易试点工作带有很大盲目性、排污权交易政策有效性受阻碍的主要原因。

5. 技术障碍

企业排放源实际排放量的监测、报告与验证是建立排放权交易机制的重要保障,是碳交易市场成功运作的基本保证。美国杨百翰大学公共政策教授 Gary C.Bryner 在 2004 年就指出,开展有效碳交易市场的关键是:(1) 能反映经济承受能力的排放基准线;(2) 有效的主管机构和手段实施监测;(3) 持续、准确的核查排放量数据。[①] 我国企业排放源温室气体排放计量的基础相对薄弱、监管能力不足,许多地区行业都不具备排放权交易机制所需要的监测设备和条件,无法准确计量、监测排放源的排放量,致使环保管理部门难以掌握排放单位的真实排放数据,这将使得排放交易情况的跟随踪记录和核实难以全面、有效开展。况且企业在排放行为不受监控的情况下,可能会有超排放的冲动性,失去因超额排放而购买碳排放权的积极性,排放权交易市场的需求量就会大大减少,将直接影响排放权交易市场的有效建立。

---

① BRYNER G C. Carbon Markets: Reducing Greenhouse Gas Emissions through Emissions Trading[J]. Tulane Environmental Law Journal,2004.

第五章 国际碳排放权交易机制的实践与绩效分析

《京都议定书》为缔约国中的发达国家设定了碳排放额度和减排义务,与此同时为降低发达国家的减排成本,也为促进发展中国家获得减排的资金和技术,《京都议定书》设立三种减排交易机制,即 ET、JI、CDM。本章将对《京都议定书》下的排放交易机制内容进行系统地阐述,并从国际碳减排事业和中国参与方面分析其实施的效果。

第一节 国际碳排放权交易机制体系内容

一、国际碳排放权交易机制建立的基础

世界各国减排温室气体的成本存在着较大的差距,发达国家之间及发达国家与发展中国家之间的减排成本存在着差异,总体上看,发达国家减排成本较高,发展中国家的减排成本较低,这为国际碳排放权交易机制和交易市场的建立奠定了基础。《联合因气候变化公约》(以下简称公约)和《京都议定书》为附件一发达国家规定了量化的温室气体排放总量控制目标和减排责任。《公约》附件一缔约方发达国可以利用前文所提到的三种机制根据自身需要进行减排或向市场购买排放权,来调整所面临的排放约束。由于这三种机制有相当的灵活性,特别是《京都议定书》规定的 CDM,鼓励发达国家向发展中国家提供资金、技术,帮助发展

中国家建设温室气体减排项目,同时又可降低发达国家的减排成本。因此国际碳排放交易市场在近几年得到迅速发展,2009 年全球碳排放交易市场规模已达到 1 440 亿美元。

二、国际碳排放权交易机制体系内容

(一)总量控制和分配机制

《京都议定书》第三条规定附件一所列缔约方应个别地或共同地确保其在附件 A 中所列温室气体的人为二氧化碳当量[①]排放总量,不超过按照附件 B 中所载其量化的限制及减少排放的承诺和根据本条的规定所计算的分配数量,以使其在 2008 年至 2012 年承诺期内这些气体的全部排放量从 1990 年水平至少减少 5%。

总量控制目标提出以后,进入了国家间的排放权的量化分配,因排放权分配涉及了各个国家广泛的政治经济利益,排放权分配机制始终是国际气候会议谈判的核心。经过各缔约国的协商谈判,《京都议定书》附件 B 中规定了在 2008 年至 2012 年间以 1990 年为基准发达国家的温室气体排放许可量,即排放权的大小。如表 5-1。

表 5-1 《京都议定书》附件一国家的排放许可量(2008—2012 年)

缔约方	排放量的限制或减少排放的承诺 (排放量为 1990 基准年水平的百分比)
欧盟	92%

---

① 注:所包括的温室气体种类为《京都议定书》附件 A 中所列的 6 种受控温室气体:二氧化碳(CO_2)、氧化亚氮(N_2O)、甲烷(CH_4)、氢氟化碳(HFCs)、高氟化碳(PFCs)及六氟化硫(SF_6)。其中除二氧化碳以外,其他 5 种气体都按照"全球升温潜能值"换算成为二氧化碳当量来计算。不同温室气体的全球升温潜能值表示的是其相应的产生温室效应的能力。《京都议定书》第三条第 3 款还规定了具有碳吸引功能的森林、植被作为二氧化碳的"汇",可抵消缔约方国家部分的二氧化碳放量。

日本	94％
美国	93％
俄罗斯	100％
乌克兰	100％
新西兰	100％
澳大利亚	108％
冰岛	110％

注:许可数量的分配方式是:基本分配许可数量＝基准年度内其人为二氧化碳当量的排放总量×承诺排放百分比×5

(二) 抵消和交易机制

国际碳排放权交易机制主要是指《京都议定书》下的 ET、JI、CDM 三个机制构成国际温室气体排放权交易体系。ET 是指《公约》附件一缔约方发达国家之间相互转让交易排放额度,超额排放的国家向多减排的国家购买多余的排放许可额度,以完成减排义务的机制。JI 是指《公约》附件一缔约方国家之间可以通过项目合作,交易和转让项目所产生的排放减少单位。排放贸易和联合履行这两种机制交易的标的都是因降低各种源的人为排放所产生的减少排放单位(AAUs)和因增强各种汇[①]的人为清除的项目所产生的减少排放单位(ERUs)。CDM 就是《公约》附件一发达国家通过资金和技术协助非附件一的缔约方开展经证明的减少排放的项目活动,其相应的减排额可以用来抵减发达国家的温室气体减排义务。清洁发展机制交易的标的是经核证的减排量(CERs)。发展中国家每减排一吨二氧化碳当量,发达国家就可以获得并抵扣一吨"二氧化碳排放权"。

---

　　① 　汇:是指从空气中清除二氧化碳的过程、活动、机制。主要是指森林吸收并储存二氧化碳的多少,或者说是森林吸收并储存二氧化碳的能力。

《公约》缔约方发达国家可以通过以下方式获取排放许可数额，或抵消其排放义务：(1) 因土地利用变化和林业活动(LU-LUCF)而产生的各种汇的清除而发放的清除量单位(RMUs)；第3条第3款规定，发达国家可通过造林、再造林等活动使森林蓄积量增加，从而导致所谓"汇"吸收CO_2的作用的增加，来帮助实现减排义务。(2) 根据 ET、JI 从另一缔约方发达国家转让取得的任何减排单位；(3) 根据 CDM 项目所取得的经核证的减排额可以抵消该缔约国的排放义务；(4) 从上一承诺期结转的 AAUs、ERUs、CERs。其中由土地利用变化和林业活动所产生的 RMUs 不可以转到下一承诺期。

(三) 注册机制

《京都议定书》下的注册机制建立起了两套注册系统。一是国家注册系统，是由政府持有和交易的排放信用单位的法律实体的账户。二是在清洁发展机制执行理事会授权下，实施清洁发展机制注册，签发核定减排额，并将之分配到国家注册系统。建立国家注册系统是《公约》附件一缔约方国家参与国际温室气体交易体系的资格要求，每一个缔约国都应建立起并维护一个国家注册系统。国家注册系统实际上是标准化的电子数据库，数据库内有各个排放信用额单位——AAUs、ERUs、CERs 和 RMUs 的发行、持有、交易、转让、取得、注销和回收，以及 AAUs、ERUs、CERs 结转等相关的数据。此外，在京都交易机制下还建立了国际交易日志(International Transaction Log)，国际交易日志的功能是涉及排放信用单位的签发、内外部划拨和注销。国际交易日志负责验证国家注册系统的交易建议，以确保这些交易和《京都议定书》下的规则相一致，一旦交易获得国际交易日志的批准，则注册完成交易；如果被交易日志拒绝，则会发送一个代码以显示注册失败，系统终止交易。为了保证国家注册系统、清洁发展机制系统和国际交易日志能够准确透明和有效的数据交换，各国的国家注册系统的结构和数据格式都要符合缔约方会议所制定的技术标准。

（四）报告、监测和核证机制

排放数据的可靠性是决定排放权交易机制和交易市场有效性的决定因素。为了保证排放数据的可靠性，从《京都议定书》及《京都议定书》执行准则《马拉喀什协定》到 2005 年《京都议定书》第一届会议——蒙特利尔会议上，制定了一套报告程序，以保证排放量数据的准确性。《京都议定书》第五、七、八、十条规定了提交定期更新的温室气体各种源的人为排放和各种汇的清除的国家清单和方法学；要定期提交国家信息通报和必要的补充信息，并需要经过专家评审组进行审评。在报告和审查程序基础上，还有额外的会计程序跟踪和记录缔约方的持有和交易数量单位——AAUs、ERUs、CERs、RMUs。

在具体的交易项目上，也建立起了一套监控和核证机制。项目监测活动由项目建议者实施，并且需要按照提交注册的项目设计文件中的监测计划进行。监测结果需要向负责核查与核证项目减排量的指定经营实体报告。一般情况下，进行项目审定和减排量核查核证的经营实体不能为同一家，但是，小规模项目可以申请同一家指定经营实体进行审定、核查和核证。减排量的核查是指由指定经营实体负责对注册的项目减排量进行周期性审查和确定的过程。根据核查的监测数据、计算程序和方法，计算出项目的减排量。核证是由指定的经营实体出具书面报告，证明在一个周期内，项目取得了经核查的减排量，根据核查报告，指定的经营实体出具一份书面核证报告，并将结果通知利益相关者。

（五）遵约和处罚机制

《京都议定书》没有针对不履行减排义务或不能完成减排承诺的国家进行处罚的条款，只在第十八条提出要建立一个遵约机制。但在 2001 年 10 月摩洛哥马拉喀什召开的缔约方 COP7 会议上,则建立起了具体的遵约机制规则与程序,就缔约方不履行其承诺的程序和机制做出了详细的规定。

遵约机制对于缔约方因为能力问题和意愿问题而产生的不履行承诺问题给予了区别对待。对于因为能力问题而产生的不履约问题,主要解决方式是为相关缔约方提供咨询;促进资金和技术援助,包括技术转让和能力建设;警告并视情公布不遵守情事等。但是,对于缔约方因为意愿问题而产生的不履约问题,主要制裁措施包括:(1)暂停其参加温室气体减排贸易的资格,直至执行事务组决定恢复该缔约方的资格。(2)在该缔约方下一承诺期的排放指标中扣减超量排放 1.3 倍的排放指标(如该缔约方排放量超过排放指标)。如果说暂停缔约方权利具有敦促履约的性质,那么扣减 1.3 倍排放指标的措施则具有更明显的惩罚性质。(3)不遵约的缔约方应拟定并提交一份遵约行动计划。

第二节　国际碳排放权交易机制的实践绩效分析

一、推动了全球减排事业的发展

自第一个碳交易项目注册成功至 2010 年,全球碳排放交易项目呈直线上升发展的态势,全球碳交易市场从孕育逐步走向成熟,并快速发展。全球 CDM 市场容量从 2004 年的 0.97 亿吨增加到 2009 年的 12.66 亿吨,增加了 12 倍。联合国批准注册项目数由 2005 年底的 63 个,激增到 2009 年 8 月 30 日的 1789 个,对应项目的预期年减排量达到 3.12 亿吨二氧化碳,较 2005 年底的 0.29 亿吨二氧化碳增加了 10 倍多。签发的核证减排量(CERs)也由 2002 年底的 0.001 亿吨二氧化碳增加到 2009 年的 2.11 亿吨二氧化碳。从 CDM 市场价值的增幅可看出,全球 CDM 市场容量在增加的同时,CERs 的交易单价也在一路上涨,价格平均水平从每吨 4 美元增长到 2008 年 16 美元。虽然受到 2008 年全球金融危机影响,2009 年交易量和交易价格有所下降,但总体上全球碳交易市场发展呈整体向上发展趋势。如图 5-1。

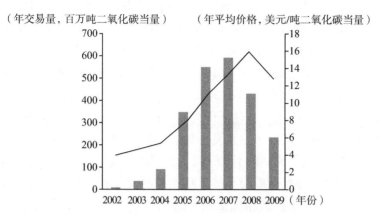

（年交易量, 百万吨二氧化碳当量） （年平均价格, 美元/吨二氧化碳当量）

图 5-1　2002 年以来 CERs 市场价格和交易量

《京都议定书》下的碳交易市场的发展带动了全球各国的碳交易市场的发展。如表 5-2 所示,近年全球碳交易量和交易金额不断上升,到 2009 年市场交易规模已在 87 亿多 t 二氧化碳当量,交易额市场值达到 1 437.35 亿多元,有力地推动了全球碳减排事业的发展。并且全球碳减排市场前景仍相当良好,发展空间很大。据世界银行碳基金预测,按 2009 年市场平均价格为 11~15 欧元/t 二氧化碳当量计算,如果 2050 年大气中温室气体浓度稳定在 550 ppm,全球碳市场将达到 500 亿 t 二氧化碳当量,大约是 2008 年的 10 倍。

表 5-2　世界碳市场交易量规模和交易额市值

单位	成交量（百万 t）			交易额（百万元）		
年度	2007	2008	2009	2007	2008	2009
全球碳交易市场	2 984	4 836	8 700	63 007	135 066	143 735

数据来源:World Bank. State and Trends of the Carbon Market 2010,http://www.worldbank.org,2010:5.

二、促进了全球碳金融产业的发展

首先,国际碳排放交易带动了国际碳金融业务的拓展和国际碳金融体系的发展。当前国际碳排放权交易市场规模已达到1 400多亿美元,碳排放权的"准金融属性"已日益凸显,并成为继石油等大宗商品之后又一新的金融产品,使得碳排放权交易蕴含着巨大的商业机会。(1)国际碳排放交易推动碳基金的发展。碳基金是一种通过股权投资或者提前购买协议,专门为减排项目融资的工具。世界银行和发达国家政府通过建立各种碳基金来支持节能减排项目的开展,投资低碳技术的研发。通过购买CDM项目,将减排额度直接出售给被限定了排放额度的欧洲和日本的企业,并从国际价格差中获利。1997年《京都议定书》通过后,2000年世界银行发行了首支投资减排项目的碳原型基金(Prototype Fund),共募集了1.8亿美元。2005年《京都议定书》生效后,碳基金的数量开始迅猛增长。2009年碳基金总数达到89支,资金规模为108亿欧元。(2)推动绿色信贷和与碳排放权挂钩的金融产品发展,渣打银行、美洲银行、汇丰银行、高盛、摩根士丹利等欧美金融机构和投资机构在直接投资融资、银行贷款、碳指标交易、碳期权期货等方面做出了有益的创新试验,碳金融中心伦敦成立一家专门办理与碳有关业务的银行。新兴市场金融机构也不甘落后,如韩国光州银行在地方政府支持下推出了"碳银行"计划,尝试将居民节约下来的能源折合成积分,用积分可进行日常消费。我国的兴业银行2008年10月31日正式公开承诺采纳赤道原则,成为中国首家"赤道银行"就显得极为引人注目。兴业银行的碳金融业务创新,最早是2006年5月与国际金融公司合作推出的"能源效率融资项目",这让兴业银行成为我国国内首家推出"能效贷款"产品的商业银行。

其次,国际碳交易带动各国排放权交易平台的建立。目前全球已建立了20多个碳交易平台,遍布欧洲、北美、南美和亚洲市场。欧洲的场内交易平台最多,主要有欧洲气候交易所、Bluenext 环境交易所、法国的 Powernext 交易所、北欧电力交易所、芝加哥气候交易所、蒙特利尔气候交易所及澳大利亚的新南威尔士交易所、日本的气候交易所。此外,全球还有一些新兴国家正在筹建环境气候交易所。如新加坡贸易交易所于 2008 年 7 月初成立,计划推出 CER 交易。而中国自 2008 年以来已经成立了上海环境能源交易所、北京环境交易所和天津排放权交易所等多家交易所。

三、降低了发达国家总的减排成本

《京都议定书》下的碳排放交易机制是为帮助发达国家实现减排承诺而设立的,通过采用市场化的国际合作机制,由高减排成本国家提供资金和先进技术,在低成本国家或地区实施减排项目,既可达到全球总减排目标,又能节约全球总减排成本,实现减排成本的最小化。特别是清洁发展机制被公认为是一项"双赢"机制,它解决了发达国家的减排成本问题和发展中国家的可持续发展问题。如日本作为《公约》附件一国家,《京都议定书》分配给日本在 2008—2012 年内将温室气体排放总量是 1990 基准年的 94%,即日本在 2010 年前相对 1990 基准年有 6% 的温室气体减排量义务。但日本政府在一份关于气候政策的报告中称,日本靠国内力量仅能实现 4.4% 的减排,无法完成 6% 的减排承诺目标。[1] 这意味着剩余的 1.6% 的减排量缺口,日本需要通过《京都议定书》下的联合履约(JI)或清洁发展机制(CDM)项目来实现。此外,根据日本 AIM 经济模型测算,在日本本国境内减排的边际成本是 234 美元/t 二氧化碳,美国为 153 美元/t 二氧化碳,经合组织中的欧洲国家为 198 美元/t 二氧化碳。如果日本完全在国内实施减排项目来达到在 1990 年基础上减排 6% 温室气体的目

---

[1]　佟新华,段海燕.中日清洁发展机制项目合作研究[J].现代日本经济,2007(2):45.

标时,将损失 0.25％的 GDP 发展量。但如果日本通过清洁发展机制在发展中国家实施 CDM 项目,减排成本则可以得到下降。如日本在中国进行 CDM 项目情景下,可降到 20 美元/t 二氧化碳。[①]

四、促进发展中国家的可持续发展

《京都议定书》下的碳排放交易机制不仅降低了发达国家的减排成本,同时发展中国家通过《京都议定书》下的清洁发展机制(CDM),也使发展中国家从中获得发达国家的清洁能源、节能减排等低碳技术,促进了发展中国家的可持续发展。由于发展中国家目前大多是以粗放型方式发展,能源利用率不高,能源使用浪费,与发达国家合作开发清洁发展机制项目后,从发达国家引进先进的低碳环保技术,从而带来较高的资源和能源利用率,同时也减少 CO_2、SO_2、NO_x 和灰尘等空气污染物排放。而从 2009 年 7 月、8 月的一份 EcoSecuritie 和 ClimateBiz 发布的针对 65 家潜在 CDM 项目买家的调配结果显示,最受买家欢迎的项目类型依次为:能效、风电、生物质能和农业甲烷捕获。[②] 从数据上看可以清楚表明清洁发展机制已成为发展中国家的低碳投资的重要来源。在 2002—2008 年,发达国家与发展中国家约签署了价值 230 亿美元 CER 项目合同,并且这些项目主要是投资在清洁能源项目上(见图 5-2)。其中可再生能源和能源效率部分的项目投资分别占了 43％和 23％的市场份额,在 2009 年清洁能源项目占了 2/3 的市场份额。如果所有的项目都实施起来,将需要总的投资是 1 060 亿美元;相比之下,同一时期发展中国家自身在可持续能源项目投资总额仅约为 800 亿～900 亿美元。

---

① 李颖.中国人种树外国人掏钱中国出售减排额占全球 70％[N/OL].新华网 2008 - 01 - 22[2018 - 01 - 22].http://news.hexun.com/2008 - 01 - 22/103142974.html.

② 曾少军.碳减排:中国经验——基于清洁发展机制的考察[M].北京:社会科学出版社,2010:42.

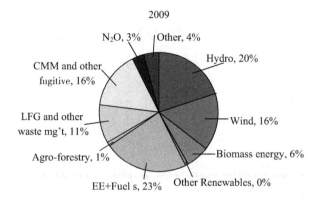

图 5 - 2　CDM 一级市场项目投资比例

注：Hydro：水电；Wind：风能、Biomass energy：生物质能；EE＋Fuel s：能效提高与燃料转换替代；Agro-forestry：农林碳汇项目；LFG and other waste：垃圾填埋气和其它废弃物回收利用；CMM and Other fugitive：煤矿气和其它逸散气体回收利用项目；N_2O：氧化亚氮项目

五、有利于发展中国家的地区经济发展

第一，发展中国家一些成本较低的减排项目通常处在比较落后的地区，实施 CDM 项目有利于这些地区的发展，如一些养殖场沼气池项目，使发展中国家农民通过修建沼气池节省了生活燃料费，并且通过出售减排量获得利益，成为农村很好的扶贫途经。第二，一些大型的清洁发展机制项目往往具有带动效应，会带动相关产业链和项目链的企业进驻当地，促进发展中国家当地的经济发展和增加了新的就业机会。第三，通过 CDM 项目可以从发达国家转移大量资金用于节能减排项目的发展。有关环境专家预计，中国每年将提供近 1 亿～2 亿 t 的二氧化碳核定减排额度，以国际核证减排量每吨 8 欧元左右的价格计算，意味着中国每年可通过 CDM 项目带来高达 10 亿欧元的收入。[①]

① 　卢五一.清洁发展机制——国际融资机遇［J］.中国科技投资，2006(7)：20－21.

第三节 《京都议定书》下的国际碳排放权交易机制的问题

作为新兴的金融市场,碳交易市场在近几年发展迅猛;不过,国际碳交易机制和交易市场依然存在一些根本性问题,这给其未来的发展带来了一些不确定性。

一、参与《京都议定书》下的国际碳排放交易市场的供求方过于集中

从需求方来看,中印两国占卖家市场的半壁江山。由于正处在发展阶段的中印两国具有很大的减排潜力,同时具有低廉的劳动力成本、较好的政策环境与经济发展潜力的优势,在 CDM 的卖方市场中具有较强的竞争力。从减排潜力与投资规模来看,中国和印度等发展中国家一直是投资 CDM 项目最具有吸引力的国家。当前碳投资者对于项目的经济效益方面的重视大于环境效益方面的重视,导致目前《京都议定书》下的排放交易机制对于广大发展中国家的资金技术支持和可持续发展的受益上还很有限。

从 2008 年 11 月全球 CDM 卖方市场看,在进入 CDM 项目进程的 4 252 个项目中,中国和印度共有 2 706 个,占进入进程项目总数的 64%;在已注册成功的 1 243 个项目中,中国和印度共有 688 个,占 55%,这些项目的预期年减排量达 1 157 亿 t 二氧化碳,占全球已注册项目预期年减排总量(2 133 亿 t 二氧化碳)的 54%,在已签发的 CERs 中,中国和印度共有 1 144 亿 t 二氧化碳,占全球签发总量 63%。

从供给方来看,欧盟成员国是 CDM 市场的主推动力。据世界银行统计,2007 年欧盟成员国的预期 CERs 购买量占全球 CERs 交易总量的近 90%,仅英国的购买量就占了全球 CERs 交易总量的 59%。

二、《京都议定书》下的碳排放交易机制与各国交易机制不统一

虽然《京都议定书》下的碳排放交易机制带动了各国碳排放交易机制的建立,除了欧盟地区的碳排放交易机制能与《京都议定书》下的排放交易机制相链接外,目前《京都议定书》下的碳排放交易机制与各国的碳排放交易机制的标准不统一。各国都按照自己的国情建立自己特色的碳排放交易机制,既有强制型排放交易机制,也有自愿型排放交易机制。不同国家或地区在碳排放交易制度安排上存在很大的差异,比如,排放配额的制定及分配方式,受管制的行业的规定,是否接受减排单位,如何认定减排单位,以及交易机制等,导致不同市场之间难以进行直接的跨市场交易;其次,统一的国际碳排放交易市场也尚未形成,从事碳交易的市场多种多样,既有由政府管制产生的市场,也有参加者自愿形成的市场,这些市场大都以国家和地区为基础发展而来,从而形成了国际碳交易市场高度分割的现状。因此《京都议定书》的碳排放交易机制与其他国家地区的碳排放交易机制的链接和统一问题,会影响全球碳排放交易市场的进一步发展。

三、《京都议定书》下碳排放交易机制的政策风险较高

首先,《京都议定书》下碳排放交易机制存在延续性的风险。2012 年已临近,国际碳排放交易机制的前景不容乐观。2009 年哥本哈根和 2010 年坎昆气候谈判会议关于"后京都议定书"的商定,国际上还没有形成统一的共识,国际公约的延续性问题是《京都议定书》下碳排放权交易市场未来发展的最大不确定性。正如挪威碳点公司在于 2010 年的碳市场调查报告所认为的那样:"2012 年的不确定性实实在在地影响着项目的可行性,并可能影响碳信用市场的总体投资。"

其次,交易机制中减排认证的相关政策风险。在原始减排单位的交易中,交付风险(Delivery Risk),即减排项目无法获得预

期的核证减排单位,是最主要的风险。由于核证减排单位的发放需要由专门的监管部门按既定的标准和程序来进行认证,因此,即使减排项目获得了成功,其能否通过认证而获得预期的核证减排单位,仍然具有不确定性。从过去的经历来看,由于技术发展的不稳定,以及政策意图的变化,有关认定标准和程序一直都处于变化当中。EB(联合国 CDM 执行理事会)的工作机制和效率屡遭诟病。DOE(碳交易经营实体)数量一直严重不足,影响项目审定和核证时间,CDM 合作项目核证和注册缓慢。而且目前 EB 的要求愈加严格,意味着项目审定和核证耗费的时间将更长,投资减排项目的实体面临着越来越大的风险。

四、《京都议定书》下碳排放交易机制的项目交易成本巨大

碳减排交易项目开发和实施中产生的交易成本对项目开发者而言是非常重要的考虑因素,因为它直接影响到项目参与者最终可以获得的净收益。但国际碳排放交易机制所规定的交易程序不够简洁,同时管理要求又过于严格,导致碳交易成本过高。

首先,CDM 项目的一个重要特点是程序烦琐,周期时间长,涉及的相关专业机构多,且对资金和技术存在特别要求,这些都造成了较高的交易成本。例如,对于项目开发方而言,为了能够顺利实现出售 CERs 的最终目标,其需要遵循以下步骤:(1) 搜集信息,识别本项目是否符合合格 CDM 项目的标准;(2) 寻求国际方合作;(3) 准备项目设计文件;(4) 参与国的批准;(5) 项目审定;(6) 项目注册;(7) 项目实施;(8) 项目监测;(9) 项目减排量核查和核证;(10) CERs 签发和出售。并且每一步聚里面又包含了许多细的流程和步骤,从项目批准到项目执行的过程可能要花 12 个月以上。在此开发和实施过程中,开发方需要承担的交易成本主要有以下方面:项目的搜寻费用,项目的可行性研究和准备相关的技术文件费用,项目的监测费用,核证减排量(CERs)审定、核查和认证费用。此外,除了项目层面的交易费用外,还有

国家层面的交易费用。因此一个项目运行下来所涉及的费用较为高昂，一些规模较大的项目可能需要 20 万美元以上的运作成本。挪威的碳点公司对 CDM 项目操作管理人员进行调查，60％的受访者认为冗长的程序也是 CDM 项目发展的一个重要障碍。此外，项目投入周期长和资金昂贵，对中小企业而言负担过重，这又直接将一些有意参与碳金融市场的中小企业拒之门外。

其次，机会成本大。CDM 项目常面临前期投入大、后期无法实现交易的问题。CDM 项目在参与国批准和审批通过以后，但在联合国注册过程中能否通过又存在很大的不确定性和风险性。CDM 项目在联合国 CDM 理事会登记注册时，必须经过由 12 个人组成的委员会集体表决，如果其中有 3 人以上反对，则无法通过。因此，在联合国的审核是项目能否进行下去的关键。从实际审核结果看，并不乏在最后关头功败垂成的。如我国 2009 年和 2010 年的 CDM 项目大比例被联合国清洁发展机制执行理事会否决。2009 年 12 月 EB 第 51 次会议上，否决了我国 10 个风电项目，2010 年 EB 第 55 次会议再次否决了中国 19 个风电和水电 CDM 项目。截至 2010 年 2 月，中国政府已批准的 CDM 项目达 2 327 个，但在联合国已注册的中国 CDM 项目，却只有 701 个，已获 CER 签发的中国项目也只有 174 个。

最后，高昂的中介费用和道德风险成本。基于项目的交易涉及跨国的项目报批和技术认证问题，为此，监管部门要求指定运营机构（DOE）来负责项目的注册和实际排放量的核实，所涉及的费用较高昂。此外，由于目前缺乏对中介机构（即 DOE）的监管，有些中介机构在材料准备和核查中存在一定的道德风险，甚至提供虚假信息。50％的被调查者认为在 CDM 和 JI 项目上存在欺诈、贪污或腐败问题。

五、《京都议定书》下碳排放交易机制的国际合作减排有效性不足

清洁发展机制（CDM）为发达国家和发展中国家提供了合作

的减排渠道,发达国家通过资金和技术帮助发展中国家开发低碳减排项目。但目前来看,国际碳交易机制在资金和技术转移配套机制上并不完善。首先,发达国家缺乏向发展中国家进行资金转让、实现减排的激励,阻碍了国际合作减排项目的发展。发达国家对发展中国家提供的资金和技术支持太少,CDM 中每年资金转让额度仅为 8 000 万美元。其次,由于 CDM 中的碳交易是一个市场机制,其资金和技术转让均发生在私人部门之间,但是碳减排具有全球公共物品属性,需要大量公共设施及国家层面的研发和试验计划的投资,而这些是市场机制难以有效实现的。最后,CDM 主要是"事后支付"机制。发展中国家要成功实现大规模的减排,需要大量前期的基础设施和技术设备更新的投资。而CDM 只能进行"事后支付",导致发展中国家有许多减排项目因资金缺乏而无法展开。

第四节　国际碳排放权交易机制的实施对我国的影响

由于《京都议定书》下的三种排放交易机制,只有清洁发展机制(CDM)涉及发展中国家,因此国际碳排放权交易机制实施对中国的影响,主要表现在 CDM 项目实施对中国的影响上。

一、清洁发展机制(CDM)在中国的发展现状

中国是最大的发展中国家,属于《公约》非附件一国家,没有被《京都议定书》纳入强制减排计划,但中国却一直通过清洁发展机制参与碳交易市场,实践碳减排活动。我国政府相关部门通过制定 CDM 项目运行管理办法、建立 CDM 技术服务中心、开展广泛的 CDM 专业、普及培训及举办 CDM 国际合作交流和博览会等,极大地促进了 CDM 开发与合作。再加上我国有很多有利条件实施 CDM 项目,如有较强的碳减排禀赋资源、技术能力强、国

家风险低,因此比较容易获取 CDM 项目投资等。目前,清洁发展机制项目在我国的开发和发展方面已领先全球。中国的 CDM 项目无论从注册数量,还是总的减排量产生,都在《公约》非附件一国家中处于遥遥领先的位置。根据世界银行的数据,2008 年中国 CDM 项目产生的核证减排量的成交量,占 CDM 世界总成交量的 84%。在 2002 至 2008 年期间,中国提供的 CDM 项目占总量的 66%,而到了 2009 年已占总量的 72%。截至 2015 年 5 月,中国已批准了 5 073 个清洁发展机制项目,这些项目主要集中在新能源和可再生能源、节能和提高能效、甲烷回收利用等方面。其中,已有 270 个项目在联合国清洁发展机制执行理事会成功注册,项目数量和年减排量均居世界第一。[①]

二、实施清洁发展机制对我国的积极作用

(一) 实施 CDM 项目直接给我国政府和企业带来经济收益

截至 2009 年,我国有 953 个项目在联合国清洁发展机制执行理事会成功注册,预计年减排温室气体约 2.3 亿 t 二氧化碳。为我国企业带来的直接收益近 7 亿美元。如果已批准的 340 个项目均能顺利实施,则每年可为这些企业带来直接经济收益超过 10 亿美元。如果我国政府批准的 1 596 个项目均能顺利获得注册并实施,则可为我国企业带来直接收益超过 15 亿美元,通过实施 CDM 项目间接撬动的资金将超过百亿美元,这将为我国应对气候变化和节能减排事业提供强有力的资金支持,促进我国的可持续发展。同时,通过 CDM 项目的实施,还可为我国企业带来先进的节能减排技术和先进的管理理念,促进企业规范管理,走可持续发展之路,极大地提升企业形象,增强企业竞争力,为国内企业逐步做大、做强,走向国际提供良好机遇。

---

① 曹慧.全球气候治理中的中国与欧盟:理念、行动、分歧与合作[J].欧洲研究,2017(10):50 - 65.

另外,国家通过对 CDM 项目收取一定费用建立清洁发展机制基金,进一步促进我国可持续发展。如我国政府在 HFC - 23 项目收取减排收益的 65%,在 N_2O 项目收取减排收益的 30%,其他项目收取减排收益的 2%,用以建立清洁发展机制基金,这可为我国清洁生产及与气候变化有关的可持续发展项目筹得资金,也将有利于我国节能减排,推动可持续项目的发展。

(二)实施 CDM 项目有利于我国节能减排事业的发展

我国《清洁发展机制项目运行管理办法》中明确指出,中国 CDM 项目的重点领域是"提高能源效率、开发利用新能源和可再生能源以及回收利用甲烷和煤层气"。中国政府通过 CDM 项目引进资金和技术,使我国加快加大节能减排力度,缓解节能减排压力。而企业参与 CDM 项目,它本身就具有节能减排、充分利用能源的效果,又能将减排量卖出去。为了取得减排效果,需要先进的节能设备,也为节能排污生产装备制造业带来好的机遇。除了风电、水电设备制造外,钢铁企业的热余压利用、煤层气体回收利用等相关装备和技术开发的市场前景也会非常广阔。

表 5 - 3　批准项目数按减排类型分布(截至 2010 年 11 月)(单位:tCO_2e)

减排类型	估计年减排量	减排类型	估计年减排量	减排类型	估计年减排量
节能和提高能效	79 295 082	新能源和可再生能源	245 438 954	燃料替代	25 400 910
甲烷回收利用	53 025 148	N_2O 分解	25 307 809	HFC - 23 分解	66 798 446
垃圾焚烧发电	1 601 573	N_2O 分解消除	117 396	其他	6 121 091

资料来源:http://cdm.ccchina.gov.cn/。

从表 5-3 中可以看出，我国 CDM 项目主要是提高能源效率、开发利用新能源和可再生能源等相关方面。至 2010 年 11 月，已获国家发改委批准的 CDM 项目达 601 个，细分一下与能源发电有直接关系的项目达 580 个，占 96.5%，其中新能源与可再生能源类 434 个，节能和提高能效类 87 个，甲烷回收利用类 46 个，燃料替代类 10 个，低排放的化石能源类 3 个。

（三）实施 CDM 项目为国内环境污染治理提供了新的思路和示范作用

首先，CDM 项目的监督、审核、减排量监测等，有一系列严格的程序和方法，保证在减少温室气体排放的同时，不造成新的环境破坏，对我国在可持续发展的目标下进行节能减排具有良好的示范作用。而且，CDM 项目通过市场机制解决温室气体排放，其监测制度和第三方审核等也为我国利用市场机制治理国内环境污染问题提供了新的思路。

（四）实施 CDM 项目为我国企业熟悉国际减排交易规则和碳排放控制提供了经验

我国已经成为全球温室气体排放国之一，因此，在碳排放控制问题上面临着巨大的国际压力。虽然我国在《京都议定书》第一承诺期还未承担减排义务，但从发展趋势上看，迟早是要承担量化的减排或限排责任。现在我们参与清洁发展机制活动，熟悉国际规则，将为今后承担温室气体排放控制责任积累经验。

（五）通过实施 CDM 机制下的林业碳汇项目促进我国林业的发展

清洁发展机制下的造林再造林碳汇项目，是《京都议定书》框架下发达国家和发展中国家之间在林业领域内的唯一合作机制，是指通过森林固碳作用来充抵减排二氧化碳量的义务，通过市场机制实现森林生态效益价值的补偿。2003 年，国家林业局成立了专门的碳汇管理办公室,研究和讨论我国林业碳汇试点工作。2006 年 6 月 30 日,广西壮族自治区环江县兴环营林有限责任公司与国际复兴开发银行签订了一项碳减排量购买协议,标志着"广西珠江流域治理再造林项目"正式实施,也开启了我国通过《京都议定书》清洁发展机制实施的再造林碳汇项目;目前我国还积极推进内蒙古自治区、云南和四川的清洁发展机制林业碳汇项目。2007 年 7 月,我国建立起了绿色碳基金,2009 年该基金收到捐款近 3 亿多元,已先后在全国十多个省(区)实施碳汇造林 100 多万亩(1 亩=666.67 m^3)。我国在推进碳汇项目的同时,也带动了天然林资源保护、退耕还林等林业重点工程的实施,促进我国林业的大发展。根据 2008 年第七次全国森林资源清查结果,中国森林面积为 1.95 亿 hm^3,森林覆盖率达到 20.36%,森林蓄积 137.21 亿 m^3,其中人工林面积 0.62 亿 hm^3,保持世界首位,并且保持了森林面积和蓄积量双增长的良好局面。

三、清洁发展机制在我国实施发展中所存在的问题

第一,中国在国际碳交易市场参与的程度和地位比较低,在国际碳交易产业的价值链中处于低端位置。到 2009 年,中国"清洁发展机制"项目签发的核证减排量已占世界总签发量的 49%。中国创造的核证减排量好比"来料加工"被发达国家以低廉的价格购买后,通过他们的金融机构的包装、开发,成为价格更高的金融产品、衍生产品及担保产品。在目前"清洁发展机制"下,主要的第三方认证机构(DOE)都是欧洲的,"清洁发展机制"之外的规则,自愿碳标准(Voluntary Carbon Standard,VCS),黄金标准等都是发达国家在制定。[①] 中国是世界最大的碳资源拥有国之一,是国际碳市场的主体,但却没有建立起有价格发现和资源配置功能的多层次碳交易市场。碳交易市场建设的滞后已经使中

---

① 李建建,马晓飞.中国步入低碳经济时代:探索中国特色的低碳之路[J].广东社会科学,2009(6).

国丧失了在全球碳交易市场的定价权和主动权。中国仅是国际碳交易市场的被动参与者，只能充当"卖碳翁"的角色。

第二，由于中国缺乏统一的交易平台，市场分散，市场交易信息渠道不畅。我国虽然已经在北京、上海和天津等地建立起了类似能源环境的交易所，但有了交易所不等于就建立起了碳交易市场，我国目前还没有建立起类似欧盟排放交易体系的碳交易市场，也没有专门从事碳交易的金融机构，因此在以 CDM 项目为基础的碳交易过程中存在很多问题。由于缺乏公平的交易平台和畅通的信息渠道，国内企业往往在相关的交易中遭受损失。一方面，我国从事 CDM 项目的企业（CDM 减排量卖方）大多缺乏足够的有关国外买家（减排量买方）的信息，导致我国目前的 CDM 项目减排量交易极为不规范，交易价格大大低于国际市场；另一方面，目前中国参与 CDM 项目虽然已经不少，但分散在各个城市和各个行业，交易往往由企业与境外买方直接去谈判，信息的透明程度很不够。这种分散的不公开的市场状况，使得中国企业在谈判中处于弱势地位，最终的成交价格与国际市场价格相去甚远。目前中国本土的碳金融系统，如商业银行及第三方核准机构（DOE）等还处在非常初级的探索阶段。中国的碳减排额度往往是先出售给中介方，然后再由其出售给需要购买减排指标的企业。这样经中介方易手，必然会造成成交价和国际价格的脱节。

第三，中国企业缺乏碳交易意识及缺乏对交易规则的了解。中国节能减排项目很多，但企业缺乏碳交易意识，没有发现碳及其衍生产品的价值，这实际是对中国碳资源和企业价值的一种浪费。CDM 和"碳金融"是随着国际碳交易市场的兴起而走入中国的，在中国传播的时间有限，对 CDM 和碳金融的认识尚不到位，国内许多企业还没有认识到其中蕴藏着巨大商机。同时，国内金融机构对"碳金融"的价值、操作模式、项目开发、交易规则等尚不熟悉，目前关注"碳金融"的除少数商业银行外，其他金融机构鲜有涉及。

第四,中国从事碳交易专业人才储备不足。碳交易专业人才需要熟悉碳交易规则、金融、环境、能源等专业复合型人才,需要懂得方法学研究和开发,熟悉用能设备和企业节能工程特点、行业生产工艺和技术规范,熟悉项目工程预算编制等。由于中国从事碳交易专业人才的缺少,导致中国一些 CDM 项目因不合标准,注册和审核没被通过。如中国从事方法学研究和开发的机构及专家数量较少,没有开发出足够可用的方法学,而 CDM 执行理事会批准的 CDM 项目开发的方法学在中国应用时存在差异。国内许多企业在应用相关方法学进行计算时为图省事,常常根据实际容易获得的数据对计算方法进行一些变动,这往往被负责审核的经营实体(Operational Entity,OE)视为对方法学应用的某种偏离而遭到质疑。在项目的选择上,许多国内的企业忽视了管理机构对这些项目规定和提倡的条件要求,没有从根本上了解项目的实际环境意义,从而导致了项目申请注册的命中率不高。此外,由于人才缺失,中国服务于碳交易的中介机构也同样缺失,中国没有足够数量的能够核实项目的"经营实体",缺乏编制高质量 CDM 项目设计文件和提供完善碳交易商务服务的中介机构,这样国内企业即便想开发更广阔的 CDM 项目领域也力不从心。

总　结

《京都议定书》下的国际碳交易市场的兴起与繁荣,中国无疑是受益者之一,CDM 项目的实施促进了中国的可持续发展;但由于 CDM 本身存在的弊端和风险,其并不能解决所有国家的碳减排和全球气候变化问题,因此许多国家在积极参与《京都议定书》下的国际碳交易的同时,也在积极探索建立国内的碳排放权交易机制和交易市场。其次,中国在国际碳交易市场的参与程度和地位仍然比较低,这与中国国内缺少自身的碳排放权交易机制和交易市场有很大的关系。因此为解决中国参与实施清洁发展机制项目所面临的问题，以及实现控制国内碳排放的目标，中国也迫切需要建设自身的排放权交易机制和交易市场。但建立碳排放权交易机制体系极其复杂，一方面需根据自身情况进行摸索，另一方面更需借鉴国际比较成熟的经验，推进国内碳排放权交易机制的建立和发展。当今，在各个国家碳交易市场中，欧盟的温室气体排放权交易机制体系和交易市场是最为完善和成功的。因此本书将在下一章以欧盟经验为例，以期为中国寻求到在培育和发展碳排放权交易机制和交易市场的经验和教训。

第六章 欧盟碳排放权交易机制的实践与绩效分析

欧盟在签署完《京都议定书》后，为帮助成员国完成《京都议定书》的减排承诺，设计了欧盟区域范围内的温室气体排放交易机制。这一机制从 2005 年开始运行，尽管作为国家排放权交易机制的先驱者，在发展过程中存在一些不足，但为各国探索建立排放交易机制积累了许多可借鉴的经验，因此本章将系统阐述欧盟排放权交易机制体系内容及其实施过程的经验教训。

第一节 欧盟碳排放权交易机制的建立和发展过程

1997 年欧盟在《京都议定书》中承诺，作为《京都议定书》附件一的 15 个成员国作为一个整体，到 2012 年时温室气体排放量将比 1990 年至少削减 8%。为了帮助成员国实现《京都议定书》的承诺，1998 年 6 月欧盟委员会发布了题为《气候变化：后京都议定书的欧盟策略》（*Climate Change：Towards an EU Post-Kyoto Strategy*）的报告，提出应该在 2005 年前建立欧盟内部的温室气体排放权交易机制。同时，根据《京都议定书》中 8% 的整体减排承诺目标，欧盟成员国签署了一个各国的分摊协议。2001 年欧盟将 ETS 意见稿提交欧盟委员会并正式讨论。2002 年 10 月，欧盟委员会通过了该意见稿。2003 年 10 月 13 日，欧盟委员会通过了温室气体排放配额交易指令（Directive 2003/87/EC），这个指令建立起了欧盟排放交易机制的法律基础和运营基础,并规定欧盟碳排放交易机制(EU ETS)从 2005 年 1 月起开始实施。

EU ETS 已运行了三个合规阶段:第一阶段 2005—2007 年、第二阶段 2008—2012 年、第三阶段 2013—2020 年。第一阶段旨在测试和评估排放市场。第二阶段(2008—2012 年)根据《京都议定书》第一个承诺期实施了减排目标。第三阶段(2013—2020 年)对该系统的运行设计进行了相当大的修改,特别涉及许可证分配程序和欧盟范围内排放上限的实施。预期第四阶段(2021—2028 年)的规则仍在制定完善中。

2006 年 11 月,欧盟委员会对 EU ETS 的运营情况进行报告,并首次将第二阶段国家分配计划(NAPII)纳入议程。2008 年 1 月,EU ETS 进入第二阶段。2008 年 1 月 23 日,欧盟委员会公布了 EU ETS 的第三阶段的提议意见稿。第三阶段,欧盟提出了"3 个 20%"的减排目标(即到 2020 年减少 CO_2 排放 20%,减少能源使用 20%,可再生能源使用占能源使用总量的 20%),将有力助推欧盟碳排放权交易市场的发展壮大。

第二节　欧盟碳排放权交易机制的主要内容

EU ETS 几乎完整地复制了《京都议定书》所规定的市场机制,但与《京都议定书》下的排放权交易机制以国家为约束对象不同,EU ETS 的约束对象是各工业行业的企业,交易也主要是私人企业(包括金融机构)之间的排放配额的转让。欧盟温室气体排放权交易机制主要内容如下。

一、交易机制实施的时间和产业规划

在实施对象上,EU ETS 开始只适用于二氧化碳的排放,而不是对所有温室气体进行控制。[①] 在实施时间和产业安排上则循序渐进分为三个阶段：第一阶段从 2005 年 1 月 1 日至 2007 年 12 月 31 日，此阶段为试验期，这阶段涉及的产业只对碳排放有重大影响的经济部门。这些产业包括能源产业（主要为耗能 20MW 以上内燃机发电产业、炼油业、炼焦业等），有色金属的生产和加工产业，水泥、玻璃、陶瓷等建材及纸浆造纸产业等，包含了近 12 000 个来自燃烧过程排放二氧化碳的工业实体，涵盖了约占欧洲温室气体排放 46％ 的能源密集型产业，接近欧盟二氧化碳排放总量的一半。第二阶段从 2008 年 1 月 1 日至 2012 年 12 月 31 日，时间跨度与《京都议定书》首次承诺时间保持一致，正式履行对《京都议定书》的承诺。[②] 第三阶段是从 2013 年至 2020 年，根据欧盟在哥本哈根会议提出的立场，在第三阶段排放总量每年以 1.74％ 的速度下降，以确保 2020 年温室气体排放要比 1990 年至少低 20％。在这个阶段将把航空业和交通业等产业纳入排放交易体系。可以看出，欧盟排放交易机制在实施对象、实施时间阶段和产业安排上，都采取一种谨慎和渐进的方式，以取得在政治上和所涵盖企业的最大支持。

二、总量限额与配额的分配机制

欧盟排放交易机制从本质上讲，属于限额与交易（Cap-and-Trade）机制，欧盟 15 国总的限额是 2008 年至 2012 年间排放总量在 1990 年的基准上下降 8％。1998 年欧盟 15 国签订了分担协议，根据"共同但有区别的责任"原则，确定各自国家的温室气体减排目标，其总和达到整体 1990 年排放量 8％ 的目标。在试验阶段欧盟采取分权化的治理机制，欧盟没有预先确定排放总量，由各成员国详细制定本国的国家分配计划（National Allocation

---

① 《京都议定书》附件 A 中列了 6 种受控温室气体分别是：二氧化碳（CO_2）、氧化亚氮（N_2O）、甲烷（CH_4）、氢氟化碳（HFCs）、高氟化碳（PFCs）以及六氟化硫（SF_6）。

② 欧盟承诺到 2012 年时温室气体排放量将比 1990 年至少削减 8％。

Plan,下文简称 NAP)落实减排目标,但需要通过欧盟委员会的审批。成员国在制定完 NAP 后,最重要的是要列出涵盖的排放实体的清单,确定分配给各个部门或各个企业在每个承诺期的排放配额数量。NAP 还应当包括新加入者如何参与欧盟排放交易计划的安排,包括三种方式:免费方式,在市场购买配额方式,通过定期拍卖获取配额方式。

在第一阶段 NAP 中,分配给企业的排放配额 95% 是免费的,剩余部分由各成员国通过拍卖或者其他方式进行分配;到第二阶段免费配额下调为 90%,以后阶段继续下调。2008 年以前,分配排放配额总量应该与各成员国在减排量分担协议和《京都议定书》中承诺的减排目标相一致,同时还要考虑到企业正常生产活动的需要及实现减排的技术潜力。由于分配给企业的排放配额是有限的,这就导致了排放配额的稀缺性,使得排放配额有了价值,为排放交易市场的产生奠定了基础。

三、许可和核证机制

排放实体首先需要向主管机关提交温室气体排放许可证的申请书,如果经营者能够监控和报告温室气体的排放,并得到主管机构的满意,主管机构将向其颁发温室气体排放许可证,授权其部分或者全部装置排放温室气体。许可证对监控要求和报告要求都做了规定,并要求经营者在当年结束后的四个月内,有义务提交每年核证装置排放温室气体总量相等的配额。如果经营者没有按规定进行核证,使主管机构对提交的上一年温室气体排放的报告不满意,则该经营者不能再转让或出售其配额,直到其报告核证后令主管机构满意。完善的许可和核证机制,可以保证参与主体碳排放量和减排量相关数据资料的正确性,从而保障排放权分配与交易过程的合法性和公平性。

四、配额的转让和存储借贷机制

取得排放许可证后,各个排放实体的排放许可量就要受到分配到的配额量的限制,每一份配额(European Union Allowance,简称 EUA)代表排放一吨二氧化碳或二氧化碳当量的权利,EUA 成了在欧盟范围内碳排放交易市场流通的"通货"。配额的颁发、持有、转让和注销,是通过成员国以电子数据库形式建立的登记系统进行的,以确保配额的转让没有违反《京都议定书》的义务。委员会指定一个核心管理人维护独立的交易日志,用来记录配额的发放、转让和注销,以及每笔交易的核查,以确保配额的发放、转让和注销不存在违规现象。任何主体都可以持有配额,任何企业、机构、非政府组织甚至个人都可以进行登记并获取独立账户来记录每个人拥有的配额,可以自由进入市场进行买入或卖出的交易。

每个阶段配额可以在不同年份中进行存储和借贷,但试验期的配额不能跨阶段存储,即 ETS 第一阶段的配额不能存储于第二阶段以后使用;但从 ETS 第二阶段开始,可以把本阶段的配额存储到下一阶段使用。

五、碳衍生品交易机制

EU ETS 已经建立起一套较完备的碳衍生品交易品种与体系,包括碳期货、碳远期、碳期权、碳互换等。碳期货为企业提供了对冲碳价波动风险的工具,进行套期保值;吸引投机者参与碳交易的因素,为碳市场提供了流动性,优化了参与者结构,为碳市场发挥高效配置的目的提供了保障。据统计,碳期货交易额已占碳金融交易量的 90% 以上。为了满足全球金融市场动荡所带来的避险需求,EU ETS 基于碳期货于 2005 年通过 EXC 推出了 EUA 碳期权,是全世界首个碳期权合约,使得碳期权产品及市场功能愈加多元化、复杂化。此外,欧盟 ETS 为了增强与《京都议定书》的协调性,允许欧盟 ETS 下的排放实体能够利用清洁能源机制和 JI 中获得的减排信用履行减排义务,即欧盟成员国可以利用 CDM 项目从发展中国家或未参与强制减排的国家购买减排信用,达成减排任务。欧盟 ETS 还设置了碳排放权互换,即交易双方通过合约达成协议,在未来的一定时期内交换约定数量不同,内容或不同性质的碳排放权客体或债务,利用不同市场或者不同类别的碳资产价格差别买卖,从而获取价差收益。碳排放权互换的产生主要基于两个原因:一为目标碳减排信用难以获得;二为发挥碳减排信用的抵减作用。由此产生两种形式碳排放互换制度安排。碳排放权互换增强了成员国减排方式的可选择性,连接了不同区域、不同类型的碳实践,为减缓气候变化的国际合作打下了基础。

六、处罚机制

在每年的 4 月 30 日之前没有提交足够配额以满足其上一年的温室气体排放的经营者,需支付其超额排放的罚款。对超额排放的处罚标准是:对没有提交相应数量配额的经营者,在第一阶段试验期采用较轻的处罚,每吨当量二氧化碳配额罚款 40 欧元,从第二阶段开始升至 100 欧元。罚款额度都远远高于配额同期市场价格。对于超额排放的罚款并不豁免该经营者在接下来的年份里提交同等数量的超额排放的配额的义务。也就是说被罚款的经营者在下一年度仍需加大节能减排的力度以节省下一年的配额使用量,不然就需通过市场购买足够多的配额,把上年的差额抵消掉。

七、链接兼容机制

为帮助 EU ETS 所涵盖的企业在二氧化碳减量义务上提供更多的弹性空间,欧盟 2004/101/EC 号决议进一步为 EUA 和《京都议定书》下的 CDM 项目产生的 CER 指标及 JI 项目下的 ERU 指标建立链接关系,即一个单位的 EUA＝一个单位的 CER＝一个单位 ERU。在企业提交上一年二氧化碳排放量相等足额的排放许可配额量,可以用同企业取得的 CER 和 ERU 来代替。但欧盟也为 CDM 和 JI 项目减排指标流通到欧盟内部市场限定了一些条件,其中影响比较大的有三个:第一,通过核能设施、土地使用,土地使用变更和林业项目(简称 LULUCF)的减排指标不能进入欧盟 ETS 市场;第二,装机容量超过 20MW 的水电项目必须在满足具体的可持续发展目标(尤其是世界大坝委员会最终报告中的一些指标)之后,所产生的减排量才能够进入欧盟市场;第三,成员国在 ETS 第二阶段以后(含第二阶段)的国家分配计划书中,为各设施制定了使用 CER 和 ERU 的上限。由于欧盟是国际碳市场最主要参与者,因此欧盟对这些具体项目的准入规定,明显地影响到来自这些项目指标在市场上的流动性和价格。此外,通过双边协议,欧盟排放交易机制体系也可以与其他国家的排放交易机制体系实现兼容。这种具有开放式特征的链接机制不仅起到了推动全球碳市场的积极作用,也将为欧盟在建立全球排放交易市场中处于领导者地位打下基础。

第三节 欧盟碳排放交易市场发展状况

一、碳交易规模基本呈逐年递增趋势,2013 年起出现下滑,但整体维持高位

据欧盟委员会官方统计,EUA 交易量随着实施阶段的推进,基本呈现逐年递增的趋势,且有突破性成果:从 2005 年的 0.9 亿 t 增长至 2015 年的 66.8 亿 t(见图 6-1),增长率高达 7 322.2%。EUA 交易量在 2013 年存在一个分水岭,出现小幅下滑,其中 2014 年、2015 年分别同比减少 4.4%、19.8%,但交易量整体保持较高水平。

图 6 - 1　欧盟 ETS 市场交易量趋势

数据来源:欧盟碳排放交易体系官网宣传册。

二、碳交易价格随实施阶段的推移震荡下跌,但 2017 年以来有所上扬

从第一阶段(2005—2007 年)的现货价格分析(图 6 - 2),EUA 开市价格较高,曾达历史峰值价格,波动较大。2005 年开市时,EUA 价格在 20 欧元左右,2006 年 4 月曾上扬至历史最高峰的 30 欧元,但随后不断下挫,并在 2007 年较长一段时间停滞在 0 欧元水平。

单位:欧元/ t

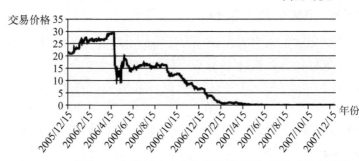

图 6 - 2　欧盟 ETS 市场第一阶段交易价格趋势(数据来源:彭博)

由于 EUA 期货价格在一定程度上能够解释并预测现货价格,选取 EUA 最活跃的交易市场——洲际交易所推出的 EUA

期货产品价格分析第二、第三阶段的价格变化。伴随第二阶段期间经济危机的爆发，EUA 期货价格上涨至 30 欧元后再度连续下跌，最低下探 5 欧元。而第三阶段至今，由于政策趋紧、配额回撤等原因，市场供给减少，EUA 期货价格逐步开始稳定在 5～10 欧元区间，2017 年后呈不断上升走势。

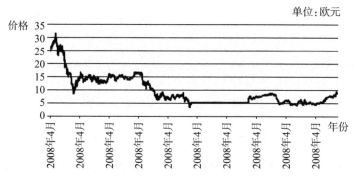

图 6－3　欧盟 ETS 市场第二阶段和第三阶段 EUA 价格趋势
数据来源：Wind 数据库。

三、可供交易的产品种类逐渐齐全

欧盟 ETS 可供交易的产品种类逐渐丰富，包括市场份额相对较低的现货，以及期货、远期、掉期、期权在内的衍生品。

四、欧盟 ETS 市场交易量及交易价格影响因素分析

总的来说，欧盟 ETS 的交易量及交易价格主要受 EUA 供给状况、外部政策和宏观环境的影响。其中，一级市场（包括配额发放及拍卖）EUA 的供求关系从根本上决定着碳市场交易的变化，影响碳价格的水平；而外部因素包括政策及政治经济环境是导致碳价格波动的主要原因。具体分析如下。

（一）配额供给是碳市场交易量变化的根本原因

在第一和第二阶段，市场处于供大于求的状态。一方面，大

部分 EUA 是免费发放的,拍卖的比例很低(第二阶段才达到4%),参与者进行交易的必要性不足;另一方面,为培育市场,EUA 实际发放过度,企业不需购买便可完成排放目标。因此这一阶段,EUA 交易量相对较小,但受期货市场等的带动逐年增加。而从第三阶段,市场供求状况开始改善。其一,拍卖成为EUA 分配的主要方式(以约 50% 的比例逐年递增),导致市场参与者的排放成本上升。其二,政策设计者自 2013 年起逐年减少1.74% 的碳排放上限,从 2021 年起增至 2.2%,并随欧洲消费者价格指数逐年增加每吨额外碳排放的罚款(2013 年已达 100 欧元)。交易量基本在维持高位的水平上稍有调整。

(二)碳交易价格的变动源于政策和宏观环境的变化

EUA 交易价格分别在 2006 年 4 月、2008 年、2009 年发生显著变化,且在 2013 年以来波动幅度减少,究其原因,主要是由于政策或宏观环境的变化。

1. 欧盟委员会于 2006 年 5 月确认 2005 年实际碳排放量比分配的碳配额低 4%,由此导致 EUA 价格暴跌到 10 欧元。

2. 次贷危机导致能源行业产出减少,继而 EUA 需求减少,同时市场预期化石能源价格将持续走低,造成 EUA 在 2008 年上半年增长到 20 欧元以上,后于 2009 年上半年降至 13 欧元。

3. 2013 年以来,欧洲委员会对 EU ETS 的改进促使 EUA价格逐渐稳定。包括:设定 EUA 总量然后于再分配给成员国,对碳排放抵消实行更严格限制,限制 EUA 在第二到第三阶段的储存,以及 EUA 回收计划等。其中,EUA 回收对价格的影响如图 6-4 所示。

(三)其他特殊原因

一些特殊原因影响交易。例如,金融危机期间,一些企业由于缺乏现金流,利用 EUA 交易即时交易、即时入金的特点,通过

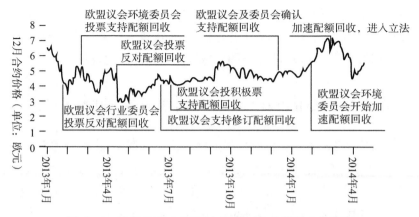

图6-4 欧盟ETS市场EUA回收对价格的影响趋势图

EUA交易迅速获取现金。

总之,EU ETS是建立时间最早、世界上最大的碳排放交易市场。自推出至今,该体系虽然经历了交易规模较小、价格波动较大等现象,但正按计划逐步发展完善。从交易表现上来看,碳配额的供求关系始终是碳市场交易量及价格变化的决定性因素。虽然在EU ETS早期市场,政府配额发放过量,市场供大于求,价格降至冰点,但通过减少碳排放配额总量发放上限,利用拍卖、行政处罚手段增加参与主体碳排放成本,限制抵消等措施刺激配额供求调整,均证明可对交易产生影响。另一方面,由于价格对外部因素更敏感,诸如政策及政治经济环境的变动对碳价格的波动影响较大;而政策的不可预期往往也会阻碍参与者进行套期保值,对交易量起到反向抑制作用。

从碳排放交易市场的作用来看,EU ETS很好地起到了促进欧洲节能减排的目的,欧盟碳排放量随EU ETS的推进逐年递减。尽管EU ETS几年交易量有所下降,但并不是欧盟碳市场萎靡的表现。相反,政府正在采取措施,利用监管的手段,在变化的外部环境下收紧碳配额,促使碳价格在合理的区间内平稳变化。EU ETS努力运用其他创新方式,提高交易活跃度和参与度,欧洲议会新法的通过为市场再次注入了信心。综合运用多种政策工具包,结合市场的自主调节作用,在政策保持稳定、预期可见的情况下,欧盟碳排放交易市场将会更加理性地发展。

第四节 欧盟碳排放权交易机制实施成效分析

EU ETS 的建立目的是帮助欧盟成员国能实现对《京都议定书》的减排承诺目标,更有效地帮助企业实现减排义务。虽然运行时间较短,欧盟 ETS 机制存在着各种弊端和不足,但从欧盟 ETS 机制 2005 年运行以来的各项数据表现来看,其初步在以下几方面实现了成效。

一、EU ETS 对碳减排起到的积极推动效用

从(图 6-5)可看出,在 1997—2004 年期间,欧盟 15 国的温室气体排放一直比较稳定,在 2002—2004 年还呈上升趋势,但从

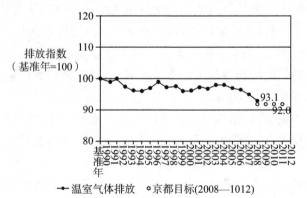

图 6-5 对比京都目标欧盟 15 国 1990—2008 年温室气体减排趋势图

资料来源:European Environment Agency. Annual European Union greenhouse gas inventory 1990—2008 and inventory report 2010 Submission to the UNFCCC Secretariat[R/OL].[2010-08]. http://www.eea.europa. eu/publications/european-union-greenhouse-gas-inventory-2010.

2005 年 ETS 建立并运行以来,欧盟 15 国的温室气体排放量明显呈下降趋势,而 2002—2007 年欧盟 GDP 增长率分别为:1.2%、1.2%、2.3%、1.8%、3.0%、2.7%;可见 2006—2007 年欧盟 GDP 增长率相比于 2002—2004 年呈增长趋势,①这一方面可以排除欧盟温室气体排放下降是因经济增长下降导致的因素,另一方面反映出了 ETS 对控制温室气体排放起到了明显的积极作用。如果再考虑到 EU ETS 在 2005—2007 年三年为刚起步的试验阶段,因此 ETS 在这几年所取得的减排成绩已经是相当值得肯定。

世界银行在《2010 年碳市场现状和趋势》的报告中,对欧盟碳排放交易机制的成功也做了归纳。该报告认为这个机制在实现碳减排目标上是成功的,欧盟在 2005—2007 年试验期每年 2%～5% 的碳减排应该归功于 ETS。当配额价格上涨时,ETS 机制在 2008 年碳减排贡献就更大了。在 2008 年欧盟 15 国碳减排量是 3318Tg(不含 LULUCF),比 1990 年水平相比下降了 1.3%,对比 2007 年碳排放水平则下降了 2%。2005 年 ETS 运行以后,欧盟能耗指标也明显下降,如(表 6-1)所示,欧盟 1 000 欧元单位 GDP 能耗指标在 2004 年为 166 t 石油消耗量,到 2008 年下降到 150 t 石油消耗量。

表 6-1　欧盟单位 GDP 能耗指标(每 1 000 欧元消耗的石油吨量)

地区	年份								
	2000	2001	2002	2003	2004	2005	2006	2007	2008
欧盟(15 国)	168	168	166	167	166	163	157	152	150

数据来源:http://www.europa.eu.

---

①　2008 年和 2009 年因受金融危机影响,GDP 和温室气体排放增长率都呈下降趋势。

二、EU ETS 运行促进了欧盟企业能效的提高

由于 ETS 的运行,欧盟企业可以利用节能减排低碳技术,将公司二氧化碳的排放量降下来,公司二氧化碳的排放量降低也就相当于把排放许可配额节省下来,公司则可以把这些多余的配额拿到市场去卖,因此 ETS 把原本一直游离在资产负债表外的碳排放,通过许可配额纳入企业的资产负债表中,排放配额就成了一项资产。正是由于排放许可配额已纳入了欧盟企业的资产负债表中,因此碳排放成本必然会影响到欧盟企业的战略投资与决策,特别是对温室气体排放量大的企业影响较大。挪威碳点(Point Carbon)公司在碳市场 2010 年报告中关于长期碳价对企业新投资的重要性进行了调查,有 47% 受访者把碳价作为投资决策的决定性要素。认为碳价已经起到了两个作用,促使企业短期内考虑转换低碳燃料,并影响企业长期投资决策。

ETS 的运行扭转了一些企业对提高能效方面的研发资金一直减少的趋势。由于提高能效和减排技术等方面的投资都是不能直接产生效益的长期投资,在 ETS 机制没实行之前,企业并没有碳成本的约束,市场对提高能效的技术需求也不大。这些都导致了企业没有研发降低碳排放方面的技术的积极性,提高能效研发费用预算曾一度减少。而 ETS 实施成了他们提高能效研发费用的主要动力。在欧盟控制碳减排的坚定政策及市场预测到将来配额价格不断上涨的趋势下,使企业认识到提高能效方面的研发投资是一件很有价值的事,并且提高能效和减排技术方面的研发费用现在已不是增加一点,而是巨大的,因为自从 ETS 运行以来提高能效和减排技术等低碳产业和市场竞争已开始激烈。

当然,ETS 对企业提高能效的刺激作用是通过排放许可配额价格来影响的,配额价格越高,其刺激作用就越强。但由于第一阶段免费配额分配过多,第二阶段又受全球金融危机的影响,配额价格并不理想,因此 ETS 对企业提高能效的刺激作用还没有完全体现出来。展望第三阶段,随着欧盟经济的恢复增长,同

时 ETS 在第二阶段和第三阶段的改善,排放上限更严格,实行跨阶段的配额存储机制,配额免费比例下降,拍卖比例上升,拍卖的收入 20％将被用来提高能效的技术创新等,可以预料将来配额的价格将比第一阶段和第二阶段来得更高,对提高能效将起到更强的刺激作用。

三、反映排放配额供求关系的价格机制初步形成

流动透明的碳价格信号,是配置稀缺的碳排放资源的基础,经过几年的市场发展,欧盟排放交易市场的价格发现机制已经形成,表现在以下两方面。

1. 碳排放许可配额的市场价格同其他商品价格一样明显受配额的供求关系的影响。在欧盟碳配额市场上,供给主要来自:(1) 各成员国分配的排放配额;(2) 因链接机制通过《京都议定书》下各减排机制流入欧盟的碳排放指标;(3) 因存储机制上阶段存储下来的配额。而需求一侧则是企业的实际排放量。第一阶段,由于配额过度分配导致市场上配额供过于求,造成配额价格在 2006 年 4 月欧盟第一次排放数据公布以后迅速跳水,从 30 欧元落到 7 欧元(如图 6-6 所示)。[①] 第二阶段虽然上限有所严

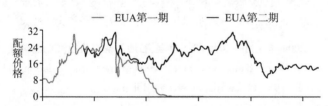

图 6-6 ETS 第一阶段和第二段(2004 年 12 月—2009 年 10 月)配额价格变动走势

资料来源:Point Carbon. Carbon 2010〔R/OL〕.〔2010-03-05〕. http://www.pointcarbon.com.

---

① 配额价格迅速跳水原因是 2006 年 4 月欧盟官方公布的排放数据远远低于市场预期的排放量,使投资者意识到起初的配额分配数量多于市场需求量。

格,但由于全球金融危机的影响,欧盟经济发展因此有所放缓,企业减产导致碳排放总体下降,使得企业从 2008 年以后到现在的配额变得相对过剩,造成配额价格也走低,维持在 10～15 欧元低价之间。

2. 配额的市场价格与其他能源价格的相关关系正在加强,配额价格已开始影响到企业的生产决策,从图 6-7 碳价、石油价格和煤炭价格正相关的变动趋势看,排放配额,石油和煤炭之间已形成了相互的替代关系和牵制关系(配额价和能源价格关系的走动趋势图如图 6-7 所示)。

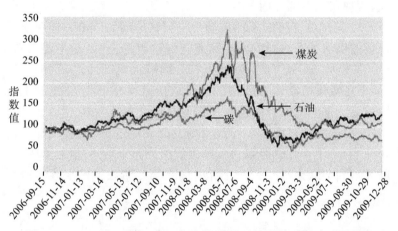

图 6-7 2006 年 9 月—2009 年 9 月碳、石油和煤炭价格变动趋势图

资料来源:World Bank. State and Trends of the Carbon Market 2010 [R/OB]. [2010-05-08]. http://www.worldbank.org.

3. 配额的价格信号已能准确反映碳排放许可配额的供给与需求状况。在最初阶段的不确定性逐渐消除后,排放许可配额的价格与造纸和钢铁等产业量表现出显著相关的关系,即产量越大,排放许可配额需求就越多,排放许可配额的价格就越高;另一方面说明,碳排放许可配额价格已经影响到企业的生产决策,不采取减排措施或降低产量,则需要承担更多的减排成本。

四、EU ETS 促进了 CDM 和 JI 项目发展和全球碳市场的繁荣

EU ETS 与《京都议定书》下的 CDM 和 JI 相链接（EU 2004/101/EC），不仅为 EU ETS 所覆盖的企业在达成 ETS 所规定的义务上提供更多的选择性，更是活络了欧盟和全球的碳交易市场，降低了排放配额 EUA 的交易价格和二氧化碳减排的成本。鼓励更多欧盟国家的投资人投入《京都议定书》所认可的 CDM 与 JI 项目的减排计划中，对于促进 UNFCCC 非附件一国家的二氧化碳减排技术和资金流入，具有正面的意义。

从图 6-8 中可看出，从 2005 年欧盟 ETS 机制试运行开始，通过 CDM 项目所实现的 CER 和通过 JI 项目的方式获得低价

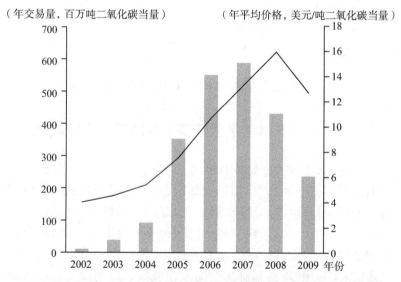

图 6-8　2002—2009 年 CER 和 ERU 市场价格和交易量变动趋势图

资料来源：World Bank. State and Trends of the Carbon Market 2010，http://www.worldbank.org，2010：5.

ERU 的成交量急剧放大,价格不断提高,虽然从 2008 年起受金融危机影响,抵消市场的项目有所萎缩,但仍比 2005 年之前的成交量要大。从图 6-9 可看出 CDM 和 JI 项目的购买者 86% 是欧盟国家下的需求者。从这一数据中可以看出欧盟 ETS 机制是全球碳市场最重要的引擎。

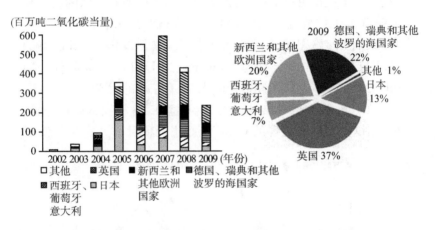

图 6-9　全球 CDM 和 JI 项目的购买方分布比重图

五、EU ETS 推动了低碳技术在欧盟和全球的发展

首先,欧盟排放交易机制推动了欧盟内部低碳技术和低碳产业的发展。ETS 运行后,短期内影响是使一些公司和行业(特别是电力行业)开始考虑转换燃料,例如从煤炭到天然气转换。从长期影响上看,开始影响一些公司和行业的投资决策,如电力行业和公司,开始重点投资可再生能源、清洁煤和低碳技术的投资,或通过 CDM 和 JI 机制对其他国家在低碳领域的投资。以西班牙为例,其联合循环发电厂发电能力已达到 21 760MW,占电力总需求的 32%,其中风能发电连续 8 年复合增长率达到 25%,占到总发电需求的 10%。此外,欧盟从 2005 年 ETS 机制运行以来,利用可再生能源发电的比重整体也不断上升,利用可再生能

源发电比重从 2003 年的 13.7％上升到 2008 年的 17.7％。说明 ETS 机制对整个欧盟电力行业燃料转换决策和新能源使用决策都有重要的影响力。

其次,通过 CDM 项目的发展,欧盟成员国通过提供资金和技术的方式与发展中国家开展项目合作,也进一步推动了低碳技术在全球的发展。世界银行《2010 碳市场现状和趋势》的报告中提到,可再生能源项目和提高能源利用效率方面分别占了 CDM 市场 43％和 23％的份额,也就是说在 2009 年 CDM 市场上清洁能源项目总共占了 2/3 的份额,而其中 CDM 项目最主要需求方是欧盟成员国。

六、欧盟排放交易市场交易量不断上升,低碳金融产业不断壮大

如图 6-10 所示,欧盟配额交易市场从 2005 的 ETS 机制运行以来,成交量急剧增长;根据世界银行 2010 年的碳市场报告,尽管全球 GDP 因金融危机在 2009 年下降了 0.6％,工业化国家更是下降了 3.2％,然而碳市场仍然保持坚挺,碳市场总的交易量

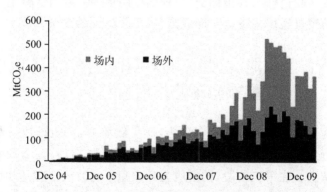

图 6-10　2004 年 12 月—2009 年 12 月欧盟 ETS 市场下 EUA 交易量变动趋势

资料来源:Point Carbon. Carbon 2010［R/OL］.［2010-03］. http://www.pointcarbon.com.

达到了 1 440 亿美元,比 2008 年增长了 6%。EU ETS 保持着全球碳市场的引擎作用,在配额市场上占据了 1 190 亿美元交易量,期货市场份额也占据了全球 73% 的份额。

欧盟碳交易市场如此活跃,除了与 ETS 本身不断完善有关外,还与 ETS 机制建立以来不断发展的碳金融体系有关。欧盟围绕碳排放权交易,先后成立了欧洲气候交易所(European Climate Exchange)、北方电力交易所(Nordpool)、未来电力交易所(Powernext)及欧洲能源交易所(European Energy Exchange)等多家交易所。此外碳交易的金融衍生品种也在不断丰富,除了排放配额(EUA)买卖这种最基本的交易方式,欧洲气候交易所还于 2005 年 4 月推出了与欧盟排放配额挂钩的期货,随后又推出了期权交易,使二氧化碳排放权如同大豆、石油等商品一样可自由流通。

随着欧盟 ETS 机制的不断完善及欧盟和全球碳交易市场的不断成熟,带动了投资银行、对冲基金、私募基金及证券公司等金融机构参与到碳交易市场中来。一个与碳排放权相关的直接投资融资、银行贷款、碳指标交易、碳期权期货等一系列金融工具为支撑的碳金融体系正逐步形成。

第五节　碳泄漏风险与欧盟排放交易机制中的配额分配方法经验分析

为保障受管制行业的竞争力,避免碳泄漏,欧盟排放交易机制实行免费分配配额方法。在第一阶段和第二阶段,大多数配额是免费的。在第三阶段,拍卖成为分配配额的默认方法;同时,根据排放效率基准和碳泄漏的部门风险,工业部门可获得免费补贴。欧盟判断碳泄漏风险的部门依据的是碳排放强度和贸易强度这两个指标。

梳理分析与欧盟排放交易机制免费分配配额相关的文献研

究,主要有以下几方面观点。首先,没有有力的证据表明欧盟排放交易机制影响了受监管行业的竞争力。其次,对存在碳泄漏风险部门的判定指标标准过于保守,这意味着对事实上对不存在碳泄漏风险的装置给予了免费补贴。第三,不仅在电力部门,而且在工业部门都发现了碳成本转嫁的证据。本章回顾一些关于碳泄漏、配额分配相关的基本概念,总结了盟排放交易机制中自由分配制度的演变,相关的经验及将来改革的方向。

一、碳交易成本负担与碳泄漏

自 2005 年以来,欧盟排放交易体系(EU ETS)一直是欧盟对其经济脱碳的主要工具,也是全球最大的限额交易计划。它规范了超过 11 000 个重型能源使用和发电装置及航空公司的二氧化碳,一氧化二氮和碳氟化合物的排放,覆盖了欧盟温室气体(GHG)的排放量约 45%。

由于欧盟排放交易机制给碳密集型行业企业构成碳成本负担,人们担心排放交易机制可能会影响一些碳排放受监管的公司在国际市场上的竞争力,同时存在将生产和碳排放转移到排放管控较松,没有类似气候政策风险的国家,这样最有可能导致碳泄漏(Carbon leakage),即导致在监管不那么严格的国家碳排放量增加。免费分配排放配额是欧盟排放交易体系中用于减少碳泄漏风险的主要方法,但这又会导致碳价过低,企业的碳排放约束压力过小,影响碳减排目标的实现。在欧盟排放交易体系改革的背景下,欧盟立法者和利益相关者正在重新考虑自由分配规则。欧盟委员会提出的欧盟排放交易机制第四阶段改革,引入了一些与免费分配方法有关的改革变化。值得注意的是设计了一个更有效的标准,来识别存在碳泄漏风险的部门,并为更新基准值设定了规则。

二、排放配额分配的基本方法

在诸如欧盟 ETS 的限额与交易计划中,排放配额可以通过免费分配或拍卖来分配。拍卖有一些重要的优点：在分配意义上是更有效的并能产生收入；但是它会给排放企业带来额外的成本。因此，一些公司可能会感受到其国际竞争力下降的影响，并产生转移欧盟以外区域生产的风险。从长远来看，这甚至可能导致投资转移到排放监管不太严格的其他地区，将生产转移至海外导致碳泄漏。为了防止这种结果，排放配额可以免费授予给被认为有转移风险的行业公司。

免费分配配额可以在企业产生排放之前或之后进行分配，分别是事前分配与事后分配。事前分配（通常也称为"祖父"原则分配方法），即分配给装置的配额数量是根据历史排放量或产出确定的。事后分配（通常称为"基于输出的分配"），即配额的数量是与产生的排放量或相应的输出量成正比。通过事前分配，公司有动力去做减少他们的输出排放强度，因为他们越有效地减排，他们将越会持有更多的未使用的配额。但是，如果排放量下降不是由于减排效率提高，而是因为产量减少（例如，由于负面需求冲击或竞争力恶化），公司也会保留未使用的配额。

三、配额分配方法的演变与碳泄漏行业部门的确定

在欧盟排放交易机制实施的第一阶段（2005—2007 年）和第二阶段（2008—2012 年），成员国（MS）有责任设定全国排放配额总量并进行分配。配额是主要根据过去的排放进行免费提供，只有少数成员国（MS）拍卖小配额。尽管国家分配计划必须符合 ETS 指令（2003/87/EC）中设定的标准，但不同成员国（MS）采用的分配方法的异质性可能会扭曲内部市场的竞争。第三阶段（2013—2020 年）确定进行欧盟排放交易体系的重大改革。自 2013 年以来，配额总数的"上限"已在欧盟层面确定，并且有一套规则管理其分配。欧盟排放交易机制上限每年下降 1.74%（2018 年又修改为 2.2%），拍卖被指定为默认分配方法。

作为发电站设施的配额，原则上是通过拍卖分配的（8 个低

收入的成员国除外)。对于工业设施,不同的免费分配适用规则取决于安装设施所属的行业是否被认定存在碳泄漏风险。通常,碳泄漏风险行业的设施被分配免费配额,高达其有效排放水平的100%(因此,超过此水平的排放量才必须购买配额)。有效的排放水平是由装置的先前产出水平乘以相关的输出排放强度基准来确定,装置的先前产出水平在 2005—2008 年和 2009—2010 年之间的中位年产量之间选择。对于其他所有装置,免费配额涵盖 2013 年高达 80% 的有效排放量,并在随后几年逐步减少比重,2020 年减到 30%。此外,统一的跨部门校正因子(CSCF)可能应用于装置,以确保分配的免费配额总数不超过年度限额。(排放强度基准是 2007—2008 年 10% 排放效率最高装置的平均输出排放强度。欧盟委员会定义了 54 项基准。)跨部门校正因子(CSCF)正在第三阶段应用。2013 年,它将免费配额总数减少了5.7%。CSCF 每年都在减少,导致每年可用配额总量减少,估计到 2020 年免费配额总量将减少 17.6%。最后,事后分配调整是适用于以下情况:如果年产量低于历史水平的 50%,25% 或10%,则已分配的配额数量分别减少 50%,75% 和 100%。

按交易体系指令 2009/29/EC 规定,确定行业碳泄漏风险主要基于两个基础指标:碳强度(CI)和贸易强度(TI)。

1. 碳强度(CI)通过以下比率来衡量:(1) 直接和间接排放成本(即通过电力消耗)的总和(以 30 欧元/t 二氧化碳来计算)与(2) 总附加值。如果碳排放交易机制实施使得直接成本和间接成本总和的提高超过总附加值的 30%,即碳强度(CI)>30%,那么该行业就会被归类为碳泄漏风险行业。

2. 贸易强度(TI)通过以下比率来衡量:(1) 第三国的进出口总额;(2) 来自第三国的营业额和进口额之和。(1)与(2)两者之间的比值>30%,即如果某一行业的贸易强度值(TI)超过 30%,那么该行业会被归类为碳泄漏风险行业。

3. 2009/29/EC 还规定"碳强度(CI)和贸易强度(TI)都很

高"（CI>5％且 TI>10)％），那么该行业也会被定义为碳泄漏风险行业。欧盟委员会还经根据定性分析评估了 CI 或 TI 无法量化的行业部门碳泄漏风险。

4. 根据碳强度（CI）和贸易强度（TI）这两个指标，欧盟委员会从 2009 年开始，每 5 年确定和发布碳泄漏风险较高的行业清单，绝大多数重工业都被纳入清单内。2009 年通过了第一次（2009—2014 年）碳泄漏清单制，2014 年又通过了（2015—2019年）第二次碳泄漏清单。在 258 个行业中，有 165 个被归类为存在碳泄漏风险。在欧盟排放交易体系中，这些行业占工业排放量的 95％，被认定存在碳泄漏风险的行业部门超过 70％属于"高贸易强度（TI）"类别而非其他类别。

四、欧盟排放交易机制配额分配方法与碳泄漏的相关研究评述

在各类文献中（包括论文、著作和报告）提供了与配额分配与碳泄漏相关的各类实证研究和结论观点。这些研究可以分类为三个主题领域：第一个领域涉及欧盟排放交易机制实施对行业企业竞争力和碳泄漏的影响；第二个领域涉及配额免费分配规则的效力；第三个领域涉及企业向消费者转嫁排放配额的成本问题。

1. 对企业竞争力和碳泄漏的影响因素研究

此领域的研究文献旨在寻找欧盟排放交易机制实施对行业企业竞争力及碳泄漏的影响。首先，考虑与竞争力相关的不同因变量，包括净出口、员工人数、营业额、增加值比例、全要素生产率和库存价值等等；其次，使用不同的数据；再次，对不同的影响进行测试，因为大多数研究都在寻找特定行业或特定国家的影响，而其他研究则寻找更普遍的影响。最后，使用不同的方法和标准面板数据分析是最受欢迎的。然后分析不同的时间段，大多数研究涵盖第一阶段或阶段一和阶段二，并且几乎没有延伸到阶段三。

最常见的结论是没有证据发现欧盟排放交易机制实施对企

业绩效产生显著性负面的影响。此外,研究在第一阶段和第二阶段碳价格与公司股票价值之间相关性的研究也始终保持正相关关系。专注于直接寻找碳泄漏的计量经济学研究的 Dechezlepretre 也指出没有证据表明碳排放因欧盟排放交易机制实施转移到海外。对目前为止尚未发生的重大负面影响,学者的观点主要集中在这三方面:(1)免费配额的慷慨供应;(2)配额价格过低;(3)部分转嫁消费者的补贴费用。

2. 配额免费分配效率的研究

这类文献研究表明,不同国家的碳泄漏风险差异很大,取决于生产、技术、燃料组合和工艺排放的差异等。此外,有证据表明,从某种意义上说,识别碳泄漏风险行业的方法可能过于保守,事实上,许多被认定存在碳泄漏风险的行业并没有暴露出碳泄漏风险。De Bruyn 等人使用假设检验(特别是 12 欧元/t 二氧化碳的碳价,而不是 30 欧元/t 二氧化碳),检验计算出只有 33% 部门应被视为存在碳泄漏风险。与此调查结果一致的是 Martin 的调查结果,欧盟排放交易机制下企业搬迁的风险是与碳强度相关,而与贸易强度无关。然而,大多数被归类为面临碳泄漏风险的行业仅仅是因贸易强度高而被视为此类风险行业。

还有一类文献着眼于配额分配方法的研究。结果发现,第三阶段与第二阶段相比,工业部门的免费配额总数减少了约 20%。由于基准测试系统,各部门内部的补贴也得到了重新分配,奖励了更有效的设施。结果发现,欧盟评估基准的程序最适合于同类行业,如水泥,其中各国的生产过程相似,但对纸浆和造纸等其他行业而言则相对较少,这些行业存在非常不同的产品和生产过程。此外,一些研究表明,至少对于水泥行业而言,基于生产门槛的事后调整(也存在于第一阶段和第二阶段)可能会激励企业维持更高的生产水平。

3. 排放配额成本的转嫁研究

这类文献研究涉及公司的能力将配额的成本转嫁给消费者。

这与免费分配有关,因为如果一家公司可以转嫁其应该支付所需的配额碳成本,这不会影响其竞争力。通过量化转嫁二氧化碳价格的潜在变化解释产出价格变化的程度来估算转嫁率。时间序列计量经济分析是最常用的方法,因为电力部门的输入结构相对简单(主要能源为主要输入),这些研究大多分析电力部门,主要是参考第一阶段和第二阶段,而只有少数文献献涉及一些工业部门。

大多数研究文献检验发现电力部门存在相对较高的转嫁率,尽管各国之间以及随着时间的推移存在显著差异,部分原因是使用了不同的数据和方法。电力部门的高转嫁率与需求弹性低和国际竞争风险缺乏有关。通过免费获得配额,得到配额价值收益,电力公司从而增加他们的利润,即所谓的意外利润,被视为从纳税人无理转移到公司,因此,自2013年以来,大部分排放配额已被拍卖给电力部门。

对于工业部门,成本转嫁率因行业、产品和国家而异。某些行业特别是钢铁和冶炼行业转嫁率很高;对化学品部门而言成本转嫁率因产品而异,其中许多产品的转嫁率较高,陶瓷行业也是如此。关于水泥行业,成本转嫁率因国家而异,葡萄牙或波兰非常高,但英国则较低。相比之下,其他行业如造纸业,转嫁率低或无转嫁。根据文献中的最低转嫁率,估计在19个欧盟国家中有15个污染最严重的工业部门获得意外利润,在2008—2014年期间达到150亿欧元。

五、欧盟排放交易机制第四阶段配额分配方法的改革计划

2015年7月,欧共体提议修订第四阶段(2021—2030)的欧盟排放交易机制,使该提案符合欧盟到2030年将温室气体总排放量(相对于1990年)减少40%的目标。

关于免费分配,虽然拟议的改革没有从根本上改变排放交易系统的运作,但它引入了一些值得注意的改革。

（1）欧洲委员会已提议在第三阶段结束时将拍卖配额的份额维持在 57%。低收入的成员国（MS）可以继续为电力设施提供补贴，以实现能源部门的现代化。根据基准，碳泄漏风险行业的设施将继续获得免费配额，覆盖其有效排放量的 100%。对于其他部门，免费配额将覆盖 30% 的有效排放水平，而不会进一步减少。

（2）只有当贸易强度（TI）和碳强度（CI）的乘积超过 0.2 时，才会认为某一部门存在碳泄漏风险。根据欧洲委员会的说法，这是一个更严格的标准，应该将被归类为有风险的部门数量从 177 个减少到 50 个左右。为考虑自 2008 年以来取得的技术进步，基准将在第四阶段的开始和中间更新。自 2008 年以来，基准值每年将以 1% 的标准税率降低。如果数据显示年度排放强度降低的差异大于 1.5% 或小于 0.5%，则应用的降低率分别为 1.5% 或 0.5%。

（3）为达到欧盟 2030 年温室气体减排 40% 的目标，欧盟委员会提议将欧盟排放交易体系上限每年减少 2.2%（而不是 1.7%）。考虑到目前在机构层面的协商，欧共体提案的关键要素可能会保留在改革的最终版本中。

六、结论与启示

免费配额分配的目的是为了保障受排放监管行业的竞争力，从而避免碳泄漏。在第三阶段，欧盟排放交易机制已从免费提供几乎所有排放配额转向拍卖体系（默认的分配方法）。制造业仍享有免费配额，根据碳强度和贸易强度，配额分配方法被认为存在碳泄漏风险行业的份额较高。总的来说，目前欧盟排放交易机制的分配制度从整个欧盟来说是透明的，相对简单、统一。但是，总体上在确定碳泄漏风险行业的标准上过于保守，实证研究表明，许多被认为存在碳泄漏风险的行业实际上并未面临这种风险。此外，几乎没有证据表明欧盟排放交易机制迄今为止对受排放监管行业产生了负面影响。

欧洲委员会提出的第四阶段改革对前三阶段的免费分配监管提供了一些改革。值得注意的是,它设计了一个更好的、更有效的标准,以确定有碳泄漏风险的行业。这对降低意外收益的风险非常重要,并且可以提高碳排放效交易系统的效率。事实上,鉴于上限每年减少及相关的免费配额减少,意外收益风险定义的行业部门越多,每个部门的配额就越少。而且建议修改旨在通过更新基准值来考虑受监管行业部门的技术进步。

由于上限会随着时间的推移而下降,因此可用的配额会减少。因此,工业和公共机构都必须投资于低碳技术的发展,特别是在现有技术减排潜力有限的部门。在这种情况下,建议成员国(MS)使用其拍卖收入的重要部分来促进此类投资。最后,为了保护欧盟工业并最终实现缓解气候变化目标,重要的是继续努力制定执行《巴黎协定》相关的碳定价国际协议。

第七章　欧盟碳排放权交易机制实施的影响分析

第一节　欧盟碳排放权交易机制对技术创新的影响

在 2015 年 12 月巴黎举行的国际气候大会上,世界各国政治领导人同意将全球平均温度升幅控制在 2℃ 以下,并努力将温度升高限制在 1.5℃。为了实现规定的长期气温目标,转化为全球温室气体排放控制目标,这意味着要尽快达到温室气体排放全球峰值,然后迅速降低,以便在本世纪下半叶实现经济的脱碳。这种巨大的转变需要彻底的重定向,加速技术转向低碳,尤其是零碳解决方案,这反过来又需要采取政策来引发这种变化。全球碳排放交易机制被视为经济脱碳的关键推动因素,欧盟排放交易体系(ETS)是世界上最大和最先进的多国温室气体排放交易系统,是实施这种碳排放交易的试点和起点。欧盟委员会将 ETS 促进全球创新以应对气候变化列为欧盟的主要目标之一。在本节中,将回顾欧盟排放交易体系对创新的影响分析,在此基础上讨论限额与排放交易工具在实现向低碳经济的根本转变中可以发挥的作用。

一、排放交易体系设计特征、减排成本与创新激励

遵循 OECD 奥斯陆手册,将创新定义为"在业务实践中实施

新的或显著改进的产品(商品或服务)、流程,新的营销方法或工作场所组织或对外关系中新的组织方法。"鉴于重点关注研究欧盟排放交易体系对减缓气候变化影响的调查结果,减少温室气体排放的低碳创新,将这些创新区分为低碳技术创新和组织创新。前者涵盖低碳产品和工艺创新,例如,技术规格,组件和材料或其他功能特性的重大改进,以及生产和交付方法。后者指的是新组织方法的实施,例如,商业惯例和工作场所组织的变化,这可能有助于减少温室气体排放。

根据欧盟排放交易体系,每年分配一定数量的温室气体排放配额(EUAs),其中一个 EUA 赋予排放一吨二氧化碳的权利。运营商可以在市场上交易这些配额,并且必须放弃相当于上一年装置造成的二氧化碳排放量的配额数量。理想情况下,这种限额与排放交易方法可确保以最便宜的成本实现碳排放减少,并且配额的市场价格反映了系统中的配额稀缺。最终,市场机制确保所有参与者都面临相同的边际减排成本,从而最大限度地降低总体成本。

此外,配额价格还设定了采用新技术或实施低排放新工艺的经济激励措施,并投资于低碳技术的研发。这种直接的创新影响可以区分为欧盟排放交易体系对公司及与低碳技术研发相关的其他参与者,如技术提供者,大学或研究机构。如果转嫁二氧化碳排放的额外成本出现在欧盟排放交易体系公司的产品价格中,排放交易也可能在需求方面产生间接创新效应。在本节中,重点介绍排放交易机制对创新的直接影响。

由于欧盟实施 ETS,企业如果不能采取有效的措施进行减排,当排放量超过所分配的排放许可配额量时,企业就需要到市场购买配额以抵消其多排放的量。因此 ETS 实施后,企业面临着两种选择:要么采取措施,增加减排技术投资和研发以提高能效技术和减排水平,降低排放量;要么不采取减排措施而超额排放,企业到配额交易市场去购买超额排放所需的配额。这样 ETS

下企业购买配额的成本,具有对企业进行技术创新投资和提高能效的激励影响效应;一般来说,市场配额价格越高,对减排技术创新的激励效应就会越大;配额价格越低,对创新激励效应就会越小。

根据对 EU ETS 试验阶段设计特征的分析,欧盟排放交易体系影响创新效果最相关的设计特征有以下几点:(1)上限或排放预算;(2)从一个时期到下一个时期的配额存储业务规则;(3)现有设施的分配方法;(4)新进入者的待遇,包括从现有设施到新设施的转移规则;(5)装置关闭的分配规则;(6)关于未来分配的信息(见表7-1)。

表 7 - 1　与欧盟排放交易体系创新效果相关的 ETS 设计要素

序号	因素	创新效应
1	排放上限	分配给设施的配额总量越低,价格越高,创新激励越高
2	配额存储业务	从上一个时期到下一个时期的存储业务加速了创新
3	现有设施的分配方法	拍卖往往比"祖父"分配原则具有更强的创新效果
4	新进入者的规则,包括新设施的转移规则	如果新进入者必须在市场上购买配额,那么这是最大的创新激励;在使用基准测试时,对于无差别的产品特定基准来说是最大的创新激励,因为他们不会将创新激励限制在特定的子群体,例如某些燃料或技术
5	装置关闭的分配规则	在工厂关闭期间导致旧工厂的运营时间过长,新投资推迟,将终止发放配额
6	关于未来分配的信息	清晰度降低投资不确定性,这有益于创新

通过以上分析,预计 EU ETS 的创新影响有限。原因如下:(1)EU ETS 宽松的上限,与基于项目的京都机制清洁发展机制

(CDM)和联合履行(JI)的慷慨联接,进一步降低 EUA 价格;(2)禁止配额存储进入到下个交易期,作为分配机制的拍卖作用微不足道;(3)基于差异化基准对新进入者进行免费分配,对关闭工厂免费分配的终止及对未来规则的不确定性都被认为削弱了该计划的预期创新影响。

然而,判断欧盟排放交易体系对创新的影响并不是一件简单的事情,因为创新是一个复杂而系统的现象。鉴于将创新作为动态,互动和不确定的过程进行衡量所涉及的困难,单一评估工具对创新影响的研究通常遵循对创新过程的相当线性的理解,通常在三个阶段将其分开。正如在其他背景下所做的那样,关于欧盟排放交易体系创新影响的研究利用了创新过程基于不同的投入和产出的指标,例如,研发、创新活动、专利或创新的支出。定量和定性及混合方法研究设计均用于研究欧盟排放交易体系的创新影响,包括专利数据的计量经济分析,公司调查数据的回归分析,基于对公司代表的访谈的案例研究分析及专家访谈。

二、实证分析

欧盟排放交易机制在不同阶段实施的措施各有差异,并且有不断改善的趋势,例如,通过更严格的排放上限和逐步引入拍卖等新机制,产生的创新激励也略有差异。

(一)欧盟排放交易机制在第一阶段(2005—2007 年)对创新的适度激励

关于欧盟排放交易体系对技术创新影响的早期研究,对 EU ETS 对低碳技术研究与开发的激励措施产生了适度的积极影响。McKinsey 和 Ecofys 于 2005 年 6 月至 9 月在欧盟成员国和欧盟排放交易体系监管的所有行业企业进行的一项调查得出了最早见解。根据对 147 家公司的调查,研究发现超过一半受访者(53%)声称欧盟排放交易体系对公司开发低碳技术创新的决策具有强烈或至少中等的影响。相比之下,不到五分之一的受访者

（16％）表示其所有研发决策均独立于欧盟排放交易体系，因此欧盟排放交易体系根本不会对其创新产生影响。该研究显示各行业之间存在显著差异，其中包括铝加工业的所有调查企业称欧盟排放交易体系对创新技术的发展完全没有影响，而钢铁行业的三分之二企业声称其具有强大的创新影响力。根据这项研究，根据这项研究，钢铁行84％的企业，炼油厂行业60％的企业，发电行业55％的企业和其他行业59％企业（其中，化学品行业41％的企业，纸浆和纸生产行业33％的企业和铝生产加工行业0％的企业）预计欧盟排放交易体系对技术创新产生积极的影响。

欧盟排放交易体系在试点阶段对创新这一相对积极影响的结论得到了一项大规模的跨行业研究的证实，该研究专门评估了欧盟排放交易体系在第一个交易阶段对行业企业创新的影响。该研究将2008年意大利社区创新调查中关于生态创新——针对能源和二氧化碳排放减少的公司特定数据联系起来，关于欧盟排放交易体系对覆盖范围的行业特定数据——使用欧盟排放交易体系覆盖的纸和纸制品，焦炭和炼油厂，陶瓷、水泥和冶金等行业。此外，还考虑了这些行业的欧盟排放交易体系严格程度——行业的排放与欧盟配额（EUA）的排放比率而言。一方面，行业回归结果——表明在第1阶段欧盟排放交易机制（ETS）部门比非欧盟排放交易机制部门更有可能创新（部门数量为6,483）。另一方面，对于ETS部门（部门数量为1,613），该研究发现ETS严格性与生态创新之间存在统计上显著的负面联系，表明欧盟ETS严格程度较低的部门创新的可能性增加。这一令人惊讶的发现可能的一个原因是，创新公司在预期引入ETS机制时提前做出反应，这将确认预期环境监管的创新影响；另一个原因也可能是由于使用了特定部门而非欧盟排放交易体系严格程度所导致。因此，该研究为欧盟排放交易体系的创新影响提供了复杂的证据。但是，无论欧盟排放交易体系是否涵盖某个部门，该分析都明确支持欧盟排放交易体系在第一阶段对采用能源和二氧化碳节约型生态创新的积极影响。

　　Anderson 等人对爱尔兰的欧盟排放交易体系所有部门提供了进一步的数据分析,证明欧盟排放交易体系对技术创新的影响非常温和。该结果来自爱尔兰的欧盟排放交易机制(ETS)进行的邮件调查,公司在第一个交易阶段(27 家企业,回复率为40%),并辅以对七家参与公司的后续访谈。基于描述性统计和定性数据分析,该研究得出的结论是,二氧化碳价格的引入增加了企业对低碳创新的兴趣,但配额(EUA)价格过低,以及欧盟排放交易机制的不太确定性,导致能源价格影响倾向于比欧盟排放交易体系更重要。事实上,大多数公司报告说,配额(EUA)价格对他们相关的机械和设备(占调查企业总数的 74%)、工艺变化(占调查企业总数的 70%)和燃料转换(占调查企业总数的 78%)的决定没有影响,但这些主要受到能源价格上涨的影响。该研究的结论是,在欧盟排放交易体系的试验阶段,主要采用低成本和低风险的减排机会,如流程改变和燃料转换。然而,该研究还强调,爱尔兰公司往往是技术接受者,即从外部供应商那里购买新技术(占调查企业总数的 92%),而不是在内部开发(占调查企业总数的 8%),因此他们的创新反应可能不代表其他 EU ETS 公司成员国。

　　除了这些跨国和或跨行业研究外,Pontoglio 提供了在意大利有关欧盟排放交易体系对纸浆和造纸行业创新影响的早期分析证据。Pontoglio 的研究对象不是欧盟 ETS 公司,而是欧盟 ETS 工厂的运营商,其中 163 个对象参与了 2006 年 5 月至 6 月进行的调查。该研究发现了运营商的观望策略:他们通过利用欧盟排放交易体系的借贷和存储机制条款来解决典型的配额短缺问题。也就是说,大多数纸浆和纸张生产商采取保守和谨慎的决策方法,只有 13% 的人投资于旨在减少二氧化碳排放的技术创新。然而,三分之一的受访者(35%)表示他们正在开发二氧化碳和节能创新项目,以便在随后的几年中实施。根据这些调查结果及对行业专家的进一步采访,Pontoglio 得出结论认为,欧盟排放交易体系处于试验阶段,并没有或者充其量只能适度地激励技术创新。

最后,两项关于德国发电行业的研究深入分析了欧盟排放交易体系第一阶段的创新影响,进一步补充了上述跨国、跨行业的定量研究。Hoffmann 基于五个公司进行案例研究,对德国电力供应商的高级管理人员进行了 20 次访谈。研究发现在其第一个交易阶段,欧盟排放交易体系对研发工作的影响有限,主要是通过加速化石燃料效率的选定研发活动。最主要的是,欧盟排放交易体系被发现为正在进行的研发项目提供额外的激励措施,旨在提高化石燃料发电厂的能源效率。尽管它们对能源产生了不利影响,但它也被证明可以提高公司对碳捕集与封存技术(CCS)效率的兴趣和相关的高监管。Cames 的研究通过利用 20 个德国发电行业的定性面板分析,进一步阐明了欧盟排放交易体系在德国电力部门创新影响有限性的结论。该研究发现,欧盟排放交易体系在启动(2005 年)之前,主要是组织创新,而涉及较大投资的技术创新被推迟。即使到了试验阶段结束的 2007 年,欧盟排放交易体系也没有产生足够的激励措施来引发大量投资研发活动,尤其是封存技术(CCS)。Cames 还指出由于欧盟排放交易体系已经强化了可再生能源将在未来电力系统中发挥重要作用的观点,导致对可再生能源技术的兴趣日益增加。

总体而言,这些研究表明欧盟排放交易体系对多个行业部门和不同国家的低碳技术发展和创新产生了积极但温和的影响。大多数研究还指出,随着碳价格越高,监管不确定性越低,未来对于欧盟排放交易体系对创新激励效果会更强。

(二)欧盟排放交易机制在第二阶段(2008—2012 年)对创新影响的证据

关于欧盟排放交易体系在第二个交易阶段(2008—2012 年)对低碳技术创新影响的研究结论还不是那么有积极性。Calel 等人基于欧盟成员国的 743 个 EU ETS 公司和 1 个非 EU ETS 公司的低碳专利(截至 2010 年)进行了全面的分析。虽然该研究发现自 2005 年引入欧盟排放交易体系以来,低碳专利的总体数据有所增加,但他们以复杂的计量经济学估算——基于差异的匹配方法组合分析表明,欧盟排放交易体系"几乎没有对低碳技术变革产生任何影响"。

Martin 等人发现 EU ETS 的创新影响参差不齐。他们基于 2009 年 8 月至 10 月对 6 个欧盟成员国的 800 家制造公司(其中 446 家 ETS 公司)进行的电话访谈进行回归分析,发现欧盟排放交易体系第二阶段对清洁产品的开发产生了积极影响,但对清洁生产过程没有影响。但是,当依据欧盟排放交易体系的严格程度——根据公司在欧盟排放交易体系中免费获得的配额数量来衡量,该研究发现相反的结果,即企业排放特定上限的更高严格性与更清洁的工艺创新相关,但与产品创新无关。因此,尽管欧盟排放交易体系可能不会对欧盟排放交易体系公司的专利行为产生可衡量的影响,但它似乎在一定程度上影响了清洁产品和流程创新。然而,在一项基于英国 190 家制造企业的可比研究中,其中 33 家受欧盟排放交易体系影响。Martin 等人没有发现欧盟排放交易体系对低碳产品或工艺创新产生积极影响的支持,但仅限于一般研发。

欧盟排放交易体系缺乏对创新产生积极影响的证据在第二个交易阶段得到了部分证实。但在特定行业分析中也略有修改,大部分针对具体行业的分析都是针对电力行业进行的。根据 2009 年 11 月至 12 月在即哥本哈根气候峰会召开的六个欧盟成员国的发电技术提供商在线调查中收集的公司数据,Schmidt 发现欧盟排放交易体系在其前两个交易阶段对可再生能源和化石燃料发电技术的研发都没有产生积极影响(130 家企业)。由 Rogge 等人进行的定性研究,提到欧盟 ETS 对这种有限创新的影响。然而,这项研究还表明,欧盟排放交易体系的创新影响在各种技术和企业之间存在巨大差异，其中影响最大的是碳密度技术最高的企业，以及在其投资组合中拥有大规模煤炭发电技术的现有企业。更确切地说，该研究发现，欧盟排放交易体系对企业研发的最大影响发生在碳捕集与封存技术（CCS）和煤炭技术能效的提高上。其中包括德国和国际技术提供商及化学工业企业参与的碳捕集与封存技术（CCS）研发项目；在其他研究的结果中没有出现这种情况，例如，Schmidt 等人进行回归结果分析，可能只是少数几家大公司参与 CCS 此类研发活动。另外，如 Rogge 等人指出，不仅欧盟排放交易体系推动了 CCS 研发的增长，而且其他因素也发挥了作用，包括严格的长期气候政策前景，关于火电厂引入性能标准的争论，公共研究基金及公众对煤炭的接受程度不高。

　　德国、意大利、瑞典和挪威纸浆和造纸行业的定性结果表明，欧盟排放交易体系处于第二个交易阶段，并未影响造纸行业的技术创新。Rogge 等人在 2008 年 6 月至 2009 年 9 月期间，基于案例研究进行德国纸浆和纸张生产商（19 家）以及技术提供商（17家）访谈，调查得出结论，欧盟排放交易体系几乎没有影响企业创新活动，取而代之的是市场因素尤其是纸张的价格和需求，成为德国制浆造纸行业创新活动的关键。此外，与电力部门相反，欧盟排放交易体系的监管拉动效应，几乎没有从受欧盟排放交易体系监管的公司转移到提供纸和纸浆生产设备的公司。Gasbarro 等人得出了类似的结论，即欧盟排放交易体系对意大利纸浆和造纸工业没有创新影响。根据对 2010 年 12 月至 2011 年 3 月期间对六家意大利公司的访谈，发现纸浆和纸张生产商并未对欧盟排放交易体系进行任何额外的技术创新投资，造成这种情况的原因包括低碳和低价的碳价格。最后，Gulbrandson 和 Stenquist 表明，欧盟排放交易体系没有激励瑞典和挪威的纸浆和造纸工业寻找创新的低碳解决方案，这一见解是基于 2010 年 6 月至 2011 年 10 月期间进行的对瑞典一家纸浆和纸张生产商的访谈，以及挪威的一次采访和的三次补充访谈。总之,这一研究可以得出这样的结论:欧盟排放交易体系对电力部门有限的技术创新影响甚至更弱,而对纸浆和造纸工业的创新影响是不存在的。

欧盟排放交易体系与其他行业创新之间联系的经验证据是有限的,但研究证实公司对环境监管包括欧盟排放交易体系的反应确实存在部门差异。Schleich 等人以德国水泥行业为对象开展了欧盟排放交易体系创新影响的研究,使用 2008 年 10 月至 2009 年 7 月期间与四家水泥制造商和四家技术供应商的公司代表进行访谈的证据。该研究发现欧盟排放交易体系对创新影响已经有所增强,考虑到能源成本补贴成本的附加效应,研发活动的重点是能源领域。欧盟排放交易体系也是支持水泥生产商参与 CCS 研发活动的几个因素之一,这似乎也反映了正在进行的绿色水泥研究。但总体而言,产品创新往往是渐进式的,主要是由客户需求驱动,而这些需求尚未引起人们对二氧化碳的关注。该研究还指出,欧盟排放交易体系对技术提供者的创新影响微不足道,因为对新水泥厂的需求主要位于欧洲以外的地区,而这些地区气候政策的作用要小得多。

总的来说,可以得出结论,尽管欧盟排放交易体系在第二阶段设计上有所改进,但它在第二个交易阶段对技术创新没有产生任何重大影响;唯一的例外是对碳捕获和存储技术的研发兴趣增加,特别是在电力部门。

(三)欧盟排放交易机制在第三阶段(2013—2020 年)对创新影响的证据

虽然目前还没有实证研究调查欧盟排放交易体系在第三个交易阶段的实际创新影响,但在第二个交易阶段进行的一些研究也提供了欧盟排放交易体系预期创新影响的迹象。所有这些研究表明,欧盟排放交易体系对技术创新的影响将在第三阶段增加。

在跨部门、跨国研究中,Martin 等人发现欧盟排放交易体系与技术创新之间没有重要联系，无论是清洁产品还是清洁工艺创新。当只使用欧盟排放交易体系的虚拟变量时，公司是否预计在第三个交易阶段受欧盟排放交易体系的约束？企业对 2020 年前二氧化碳价格的预期与较低水平的低碳创新没有显著关联，即较高的价格预期似乎与更清洁的产品和清洁的工艺创新无关。相比之下，该研究发现，企业期望他们未来的配额分配更加严格，追求更清洁的产品创新，在某些模式中更加清洁的流程创新。这表明不是二氧化碳的价格，而是与二氧化碳排放相关的实际成本刺激了低碳创新。也就是说，免费分配似乎阻碍了低碳创新，如果至少一部分配额需要支付，则二氧化碳排放会导致更多的低碳创新。

Schmidt 等人对电力部门的跨国研究发现，企业对欧盟排放交易体系的认知对非排放发电技术的研发投资产生了负面影响，特别是对可再生能源，即他们认为欧盟排放交易体系对处于第三个交易阶段的企业非排放技术（即可再生能源）的研发产生更加负面的影响。相比之下，在排放技术的整体研发方面没有发现重要的联系，就像欧盟排放交易体系的前两个阶段一样。

最后，对于工业部门，两项关于德国纸浆和造纸部门及水泥行业的研究表明，尽管迄今为止对技术创新的影响可以忽略不计，但预计到 2020 年欧盟排放交易体系对研发的相关性将增加。然而，这些预期主要取决于欧盟排放交易体系的严格性和配额价格上涨的假设。

三、本节结论

长期以来，经济学家一直认为，在成本效率和持续提供创新激励方面，欧盟排放交易体系等基于市场的工具具有优势。在 EU ETS 机制对技术创新和投资的影响分析上，大多数学者的观点是比较一致的，都认为在当前 EU ETS 下，由于给企业免费分配过量的排放配额，导致市场配额价格过低（2017 年以前 EU

ETS配额价格都大部分在10欧元/t以下),且波动过大,影响了投资者对低碳减排技术投资的积极性。基于文献及数据检验的欧盟排放交易体系对于创新的潜在影响充其量只是适度的激励。对于许多已经发生的渐进创新,欧盟排放交易体系仅被证明是其中一个因素,更广泛的政策组合和长期目标在刺激创新方面发挥着特别关键的作用。

欧盟排放交易市场配额价格过低是有其客观原因的,欧盟碳排放交易市场作为全球碳交易市场先行者,市场刚建立之初缺乏经验借鉴和历史排放数据,供给和需求很难预测。很明显,一个不完善的制度没能给投资者强烈的市场信号,同时强烈的价格波动,以及预测到市场配额的过量供应都影响了投资者对价格信号的信任,影响了投资者投资环境友好型生产技术的积极性,影响了投资者对 EU ETS 第一阶段实质性减排的远景期望。布兰克(Maria Isabel Blanco)等认为市场配额价格最低要达到大约40欧元/t才能支持风能投资,才能排除投资风险和中间成本。然而,EU ETS市场下的低价格对风能和其他技术投资只能起间接负面的作用,并且阻碍国内减排和欧洲新能源投资的努力。

虽然很多学者对 EU ETS 在企业技术创新和投资的激励现状上不甚满意,但对 ETS 的将来却是寄予厚望,有足够稳定的和可预测的配额市场价格去带动环境友好型技术研发和投资。欧盟委员会对 ETS2012 年后第三阶段及第四阶段提出了一些改善建议,特别是考虑到欧盟碳市场将对于 2019 年开始实施的"市场稳定储备"(MSR)机制做出反应。通过"市场稳定储备"机制,欧盟将 2014—2016 年期间过剩的 9 亿 t 碳盈余转入储备市场,取消未来的拍卖程序。英国政府风险分析研究智库 Carbon Tracker 发布报告认为,此举将在 2019—2023 年间每年减少累积碳排放配额的 24%,欧盟碳交易市场即将面临前所未有的供应短缺。Carbon Tracker 称,2019—2023 年间欧盟平均碳价预计将大幅上涨,或将达到 35~40 欧元/t,而 2018 年欧盟碳价格约为 18 欧元/t。因此很多学者预测 EU ETS 对技术创新的激励效应会比以前大大增强，认为欧盟委员对 ETS 的第三和第四阶段改善建议将会增强对能效提高的激励性，特别是第四阶段这种激励效果将会提升。ETS 有可能成为一个有效益和有效率的气候变化政策，也会对投资产生激励。

另一方面，虽然欧盟排放交易体系对技术创新的影响非常有限，但该 ETS 明显刺激了组织创新的迹象，有明显的证据表明欧盟排放交易体系是各种组织创新的关键驱动因素。例如，将二氧化碳排放控制纳入商业实践，将气候变化作为最高管理层问题或建立外部关系以解决气候变化的挑战。由于可以获得相对较多的配额，碳价格较低，这些组织创新对公司将战略转向低碳解决方案的影响有限。尽管如此，EU ETS 对组织创新的积极影响不应低估，因为这些是未来技术创新的必要前提。

第二节　欧盟碳排放权交易机制对企业竞争力的影响分析

二氧化碳排放造成的气候变化是一个全球性问题，但减少二氧化碳排放的政策则是区域性的。欧盟排放交易体系是欧盟应对气候变化政策的基石，也是降低工业温室气体排放的关键工具。第一个也是迄今为止最大的国际温室气体排放配额交易系统，EU ETS 覆盖 31 个国家的 11 000 多个发电站和工厂，以及航空公司。但 EU ETS 是没有具有约束力的国际协议，是区域单边、地理上有限的减排政策，这增加了区域生产者的生产成本，这些生产者与来自不受管制区域的生产者进行国际竞争，这种不对称性引发了对工业企业竞争力的恐惧。

一、EU ETS 的减排目标与规则

EU ETS 旨在帮助欧盟实现其《京都议定书》的承诺，到

2020 年将温室气体排放量减少 20％,低于 1990 年的水平。欧盟排放交易体系分三个阶段实施:试点阶段(2005—2007 年),5 年承诺期(2008—2012 年)和 8 年承诺期(2013—2020 年)。该试验阶段不属于《京都议定书》,旨在收集经验,以改善欧盟排放交易体系的后续时期。在第二阶段,每个成员国制定了国家分配计划(NAP),其中规定了成员国在该阶段期间打算发放的配额总量,以及建议将这些配额如何分配给系统涵盖的每个运营商,每个 NAP 必须得到欧盟委员会的批准。第三阶段(2013—2020 年)建立在前两个阶段的基础上进行了重大修订,以使欧盟排放交易体系成为一个更有效的系统:欧盟范围内对可用配额数量的限制及这些配额的拍卖增加。2013 年欧盟范围内的二氧化碳排放量为 20.4 亿 t 二氧化碳,每年将减少 1.74％,到 2020 年总体减少比 2005 年水平低 21％。

欧盟排放交易体系以"上限和交易"为基础,因此系统涵盖的参与者所允许的温室气体排放总量存在"上限"或限制,并且该上限转换为可交易的排放配额。可交易的排放配额分配给市场参与者;在 EU ETS 中,配额是通过免费分配和拍卖机制进行。一项配额赋予持有人排放一吨二氧化碳(或其等价物)的权利。欧盟排放交易体系所涵盖的参与者必须每年监测和报告其排放量,并交出足够的排放配额以涵盖其年度排放量。排放超过其分配的参与者可以选择采取减少排放的措施或购买来自二级市场额外的配额,例如,持有他们不需要的配额的公司或来自成员国举行的拍卖。

二、EU ETS 规则的成本性与负面影响

1. 配额会直接给企业带来额外的碳成本及各种管理费用

实施排放配额,购买排放配额会直接给企业带来额外的碳成本以及各种管理费用,使 ETS 所覆盖的行业和企业的竞争力受到削弱,就业受到影响。欧盟排放交易体系对部门竞争力产生不利影响的可能性是政策制定者和行业的一个主要问题。因此,国

外特别是欧盟国家的学者对这方面的研究关注较多。欧盟 ETS 机制实施所产生的成本费用包括：申请配额费，注册、监管、验证费用，寻找减排项目的信息费用和控制碳风险的费用。施莱希（Joachim Schleich）和贝茨（Regina Bez）认为：相比大企业，这些交易费用对中小企业的影响更大。① 雅莱特（Jurate Jaraite）和康弗瑞（Frank Convery）等通过对参与 EU ETS 第一阶段的 27 家爱尔兰公司所产生的成本费用的数据进行分析，进一步区分 ETS 的实施对不同类型企业的影响。② 数据显示，虽然排放配额多的大公司承担成本费用在总量上要比小公司多，但对小公司来说每吨二氧化碳排放的成本费用（2.02 欧元/t 二氧化碳）比大公司（0.06 欧元/t 二氧化碳）要高出 30 多倍，这也验证了施莱希（Joachim Schleich）和贝茨（Regina Bez）的结论。

　　尽管欧盟减排依赖排放交易体系，欧盟也在加强补充措施的严格性。近年来，正如指令 2009/29① 所反映的那样，特别强调了促进能源效率和可再生能源的政策。该指令旨在将碳排放量从 1990 年的水平减少 20%，将可再生能源的电力比例提高到 20%，并通过到 2020 年将能源效率提高 20% 来减少能源消耗。在更大程度上减少温室气体排放的程度，以及生产商品和服务的成本，欧洲和国际市场之间政策严格程度的持续差异可能对欧洲企业和行业竞争力产生重要影响。事实上，减排努力的差异可能导致转变，在贸易方面，工业将碳密集型商品的生产从具有严格气候政策的国家转移到那些没有约束力的减排目标或没有其他太严格的气候政策的国家。一个相关而又截然不同的问题是碳泄漏，这通常是指没有气候政策的国家的排放量增加，这些政策

---

　　① 　注：2009/2 是 Directive 2009/29/EC of the European Parliament 欧洲议会第 2009/29/EC 号指令。欧盟排放权交易机制就是欧盟排放权交易机制指令（Directive 2003/87/EC）以及欧盟排放权交易机制指令后来又经过了四次修改，第四次修改于 2009 年 4 月 23 日通过，即指令 2009/29/EC。这次修改的幅度比较大，包括将"国家配额计划"调整为"共同体的数量配额"，对配额拍卖机制的相关规定进行了修改并予以具体细化，对配额拍卖所得收入的使用作出限定，使得拍卖制度更具有可操作性。

可能与已制定气候政策的国家的减排有关。此外,碳泄漏的发生可能是通过将碳密集型商品的消费转向更便宜的进口替代品,导致其他国家更多的碳密集型生产,或通过将工业生产转移到环境法规不太严格的地区。

三、EU ETS 对企业竞争力的影响分析

在 ETS 对企业竞争力的影响分析方面,大多数学者的观点虽有些分歧但并不大;一些学者认为 ETS 与企业竞争力损失方面不存在相关关系,即使一些学者认为存在负面影响,也只是在程度和行业上有差别。

1. ETS 实施对企业竞争力损失的影响不明显。早期在欧盟排放交易体系中探索环境政策竞争力影响的实证研究一般使用计量经济学和建模技术,Reinaud 提供了早期的计量经济学分析,探讨了欧盟排放交易体系在 2005—2007 年期间对原铝行业竞争力的影响。结果表明,二氧化碳价格与净进口之间的相关性为负且统计上不显著,这表明欧洲原铝在研究期间没有遭受竞争力与碳泄漏的负面影响。Reinaud 解释说,这一发现可能是由于以下原因:首先,对铝的需求和高 LME 价格的高周期,长期电力合同的普遍存在,这应该可减少碳减排伴随的成本增加;其次,在此期间,欧盟排放交易体系未涵盖铝冶炼厂直接排放。Sartor 也证实了这些结果,他们没有发现任何证据支持 2005 年至 2011 年碳价水平导致欧盟原铝行业碳泄漏的假设。事实上,代表二氧化碳价格对原铝净进口影响的系数估算没有统计意义。同样,Convery 等人没有找到证据证明欧盟排放交易体系第一阶段碳价格和在水泥、炼油、钢铁、造纸和纸浆、石化、玻璃和铝行业的竞争力损失之间存在相关性。Anger 和 Oberndorfer 评估了 2005—2006 年欧盟排放配额分配对德国企业竞争力和就业的影响,证据表明 ETS 框架内的分配机制对收入和就业没有产生重大影响。Ellerman 等人利用 OLS 回归没有发现任何证据支持欧盟

排放交易体系的引入，使水泥和钢铁行业在第一个交易时期处于竞争劣势的假设。Abrell 等人使用 2 101 家欧洲公司的样本，分析 EU ETS 在 2005—2008 年期间对企业竞争力影响，他们发现欧盟排放交易体系对企业增值、利润率或就业没有统计上的显著影响。

2. ETS 实施对竞争力有负面影响，但相比其他的减排手段和减排情景，这种影响是很小的。与计量经济学研究相比，数值模拟研究通常发现竞争力与环境政策的采用之间存在重要联系。例如，Carbon Trust 确定了 ETS 对公司、部门、国家层面竞争力影响的三个决定因素：能源强度，通过价格传递更高成本的能力以及在生产过程中避免二氧化碳消耗的能力或取代二氧化碳密集型投入。Carbon Trust 得出的结论是，受监管的公司将承受更大的负担，尽管与其他监管方案相比，ETS 确实提供了竞争优势（带有"祖父"分配方法的 ETS 具有相对较低的系统成本）。奥伯恩德费尔（Ulrich Oberndorfer）等人通过 ETS 实施下的情景与正常情景相对比，认为 ETS 机制在所有存在的负面影响方面都是很轻的。并且同其他管制情景对比，ETS 能获得重要的竞争力，不论是环境税还是其他手段都没有比 ETS 机制表现出更积极的就业影响力。在同样完成《京都议定书》任务的情况下，实施 EU ETS 要比没有 ETS 下的减排成本减少得多。

Reinaud 研究了欧盟排放交易体系对竞争力的影响。通过增加电力成本来实现原铝工业。Reinaud 假设电价将导致电价的碳机会成本完全转嫁。每吨二氧化碳 20e 将导致欧洲大陆价格上涨 21%[或增加 10 e/(MW·h)]。麦肯锡和 Ecofys（2006）采用相同的方法，并估计电价的 20e/t 二氧化碳价格将上涨 10e/(MW·h)。使用部分均衡模型，Demailly 和 Quirion（2008）提出二氧化碳允许价格为 20e/t 二氧化碳将对欧洲钢铁工业造成适度的竞争力损失。

3. ETS 给欧盟相关行业和企业带来了负面的影响，但这种负面影响的程度在不同的行业和不同的企业有所不同。斯梅尔(Robin Smalel)运用古诺的寡头市场代表性模型分析了 ETS 对水泥、新闻纸、钢铁、铝和石油行业等五个能源密集型行业的影响。结果表明,大多数参加行业将有望在一般情景下获得利润,但钢铁和水泥行业在市场占有率上会有适度的损失,铝产业会造成停产。布莱施维茨(Raimund Bleischwitz)和格瑞兴(Verena Graichen)等也认为由于 EU ETS 所导致的直接和间接成本,化肥、水泥、铝和钢铁等这些行业所受的影响最大;这些行业在同国外竞争上会存在劣势,造成能源密集型产业搬迁,导致碳泄漏现象。

Chan 等人使用 10 个欧洲国家的 5 873 家公司组成的小组进行分析影响,对单位物质成本、就业和收入三个变量的碳进行监管,通过这些变量可以显示对企业竞争力的影响。他们的分析侧重于欧盟排放交易体系,涵盖电力、水泥和钢铁三个污染最严重的行业,他们的结果表明,排放交易体系对这三个部门产生了不同的影响。虽然水泥和钢铁行业的三个变量中没有任何影响,但他们的分析表明对电力行业的材料成本和收入都有积极影响;对材料成本的影响可能反映了遵守排放限制的成本或其他平行的可再生激励计划,而收入可能部分是由于在较少暴露于欧盟以外的竞争的市场中消费者的成本转嫁。他们没有发现 2005—2009 年欧盟排放交易体系对企业竞争力产生负面影响的证据。Branger 等人调查欧盟排放交易体系在水泥和钢铁行业两个阶段的潜在运营泄漏。使用 ARIMA 回归和 Prais-Winsten 估算,他们发现碳价格对这些行业的净进口没有显著影响,至少在短期内如此。

为了保持国际竞争力,欧盟应该协调分配规则,如对这些行业实行可接受的最低数量拍卖机制是很有必要的。欧盟委员会也关注到了 ETS 的实施对参与企业和产业竞争力可能产生的负面影响,为此对 2012 年后第三阶段的 ETS 做了修改。如为解决中小企业实施 ETS 成本费用负担过重这一问题，欧盟委员会提出了排放量少于 1 万吨的企业可以选择退出这个交易机制。此外，为保持欧盟能源密集型产业的竞争力，欧盟委员会将计划分配更多的资源帮助耗能型企业在低碳技术研究方面取得突破。

第三节　欧盟碳排放权交易机制对碳泄漏的影响分析

EU ETS 对工业竞争力的影响问题可能是破坏 ETS 有效执行的最重要挑战。工业竞争力恐惧又引发了区域碳泄漏的风险，对碳泄漏程度的担忧是欧盟工业部门制定更强大的二氧化碳减排义务的主要障碍之一。

一、碳泄漏及碳泄漏的负面影响

碳泄漏即通过在开放的全球经济中相对竞争力的变化，将二氧化碳排放从具有排放限制的区域转移到不受约束的区域。碳泄漏在学术界和政策界都是一个问题。由于气候变化取决于全球总排放量，碳泄漏有可能消除单边减排政策的效果影响。如果发生碳泄漏，实施减排政策的地区会因产出减少随之而来产生就业和福利的损失，导致环境政策无效。当制造业受排放政策影响时，这个问题尤为突出，因为制造业往往生产碳密集型和交易量大的商品。

从理论上讲，碳泄漏发生在以排放政策为特征的国内地区与没有政策或政策不太严格的外国地区之间。它源于两个方面的结合：（1）生产搬迁，当国内生产企业将生产转移到国外，以逃避环境政策带来的增加的生产成本；（2）市场份额的变化，当国内公司失去市场份额给不受管制的外国竞争者时，因为国外竞争者不必承担额外的成本负担，他们变得更具竞争力。这两种影响直接转化为贸易流：对于碳密集型产品的国内消费水平，碳泄漏导致本国区域总消费量的进口份额增加，出口量减少。

二、事前建模预测分析与事后实证经验分析

在碳泄漏研究上，主要有两类研究，一类是事前建模预测，一类是事后实证经验分析。使用两种贸易衡量标准：第一，计算贸易商品中包含的二氧化碳排放量，第二，使用美元贸易值。具体的二氧化碳流量根据投入产出表计算，并衡量生产贸易货物所需的排放量。具体的二氧化碳排放中的贸易流量通常不可用，但它们的价值比贸易流量更好地捕获碳泄漏。在分析中，遵循文献提出的两种方法：一种侧重于净进口的传统方法，以及评估双边（双向）的新贸易理论精神的方法。

考虑到泄漏问题的政策相关性，一般均衡（CGE）模型的大量文献试图预测现有政策举措和潜在修改的碳泄漏程度。这些事前方法预测强泄漏，泄漏率在 10% 到 30% 之间。然而，事前方法的预测取决于模型假设，例如，该模型是否包括重新安置成本，以及所考虑的排放政策的实施细节。Demailly 和 Quirion 表明，在欧盟排放交易体系中引入基于产出的分配将以成本为代价消除碳泄漏，降低生产者减排的动力。Gerlagh 和 Kuik 研究表明，允许技术溢出甚至可能导致外国碳泄漏到欧盟。

关于碳泄漏的经验事后证据是有限的。许多现有的实证文献都认为美国的污染问题会增加当地污染监管对贸易的严格性的影响。这些文献通常测试净交易之间的联系和污染控制措施的严格性，如通过捕获污染减排成本（PAC），使用美国制造商的调查数据这些文献中的证据是混杂的。回顾早期的贡献，并得出结论，几乎没有证据表明环境政策已经影响了贸易。Dechezlepr 和 Sato 回顾了最新的内容文献并得出结论，即使成本负担很小，也有一些证据支持污染避难所假设。尤其是 Ederington 等人和莱文森等人对 PAC 的美国净进口量进行了回归，并且认为环境政策确实如此影响美国贸易。Aichele 和 Felbermayr 发现了《京

都议定书》的碳泄漏问题，基于碳的"重力模型"，他们发现部门级双边贸易的碳含量受到一个国家对《京都议定书》的批准的显著影响；但是，目前尚不清楚《京都议定书》通过哪个渠道引起了这种影响。

欧盟排放交易体系中的碳泄漏假说迄今尚未根据经验进行全面评估，一些研究涉及重定位渠道。Dechezlepr等人使用多国公司的调查，没有证据表明欧盟排放交易体系引发了跨国公司内部排放密集型过程的重新定位。其他研究涉及投资渠道：Koch和Basse Mama使用德国跨国公司外国直接投资（FDI）的Rm[①]级数据，并没有证据表明欧盟排放交易体系通过增加对外直接投资为搬迁做出了贡献。Mardin等人对管理人员进行调查，由于目前的欧盟排放交易体系规则在很大程度上过度补偿了许多部门的成本，因此企业搬迁风险有限。最后，有些研究专门针对贸易特定行业，Sartor认为欧盟排放交易体系未导致铝行业碳泄漏，而认为欧盟排放交易体系并没有引起水泥和钢铁部门的碳泄漏。Branger等人的研究试图为欧盟排放交易体系下的部门碳泄漏风险提供新的实证证据，使用滚动协整方法，估计结果表明，EU ETS对这两个行业的影响随着时间的推移而变化。实际上，碳价格对多个子时期的水泥和钢铁行业的净进口产生了积极影响，这表明这两个行业受到可忽略不计的碳泄漏和竞争力损失的影响。然而，结果显示钢铁行业受影响的程度高于水泥行业。

事后实证经验分析表明没有证据体现欧洲制造业的碳泄漏，这一结果与事前建模的预测形成对比，但在很大程度上与欧盟排放交易体系背景下碳泄漏假设的现有实证研究结果一致。

三、实践中阻止碳泄漏的障碍分析

在实践中，碳泄漏的情况并不明确。首先，相对于劳动力成

---

① 注：Rm是指RAPID MINER，是数据挖掘技术得来的数据。

本的差异,欧洲和新兴经济体之间的排放成本差异迄今为止是温和的。欧洲的劳动力成本比新兴国家高出约 10 至 30 倍。世界其他地区的排放成本通常为零,数据显示,欧盟排放交易体系的排放成本低于 95% 欧洲制造业的材料成本的 0.65%。因此,欧洲排放政策引入的额外成本相对较小。其次,将生产转移到国外地区的公司必须支付固定搬迁费用。搬迁在国内市场也存在机会成本,例如,市场地位较弱,与决策者讨价还价的影响较小。再次,排放政策通常将成本和补贴结合起来。例如,欧洲制造业公司获得了大量免费排放配额,这可能足以抵消泄漏风险。最后,商业文献预测环境监管的反向影响(波特假设):单边环境政策的负面竞争力影响可以通过成功激励低碳产品的创新来实现,从而刺激由环境政策影响的有效率的更高生产力增长。可以通过排放价格信号或同时提供明确的研发补贴激励创新。

缺乏贸易效应表明,防止碳泄漏的障碍大于导致泄漏的排放成本。欧盟排放交易体系目前的配额价格较低,而有效值可能具有一定的市场力量。关税和运输成本通常高于与二氧化碳相关的成本,并有助于公司将至少部分排放成本转嫁给最终消费者,而不会失去显著的市场份额。此外,更多的使用因素,例如,政治风险、汇率问题及对合格劳动力可用性的考虑可能会限制碳泄漏。进一步的研究将有助于确定主要导致无碳泄漏的因素,或确定碳泄漏是真正关注的排放成本水平。

在全球不对称气候政策的背景下,至少以目前的配额价格,没有碳泄漏对于欧盟排放交易体系等单边二氧化碳政策的政治可行性来说是个好消息。如果不妨碍国内竞争力和经济增长,环境政策就更有可能实施。

越来越多的研究通过外部模型法研究欧盟排放下的碳泄漏风险。然而从碳泄漏率可忽略不计到超过 100% 的比率,碳泄漏率的估计值各不相同。在此范围内较低的碳泄漏率倾向于假设碳价格相对较低且具有预防性,诸如免费分配或边境税调整等措施,而更极端的碳泄漏率假设碳价相对较高且没有预防措施。

　　本节考虑欧盟排放交易体系对欧洲制造业生产者的合理规避成本是否导致碳泄漏。碳泄漏是"污染避难所"现象的一个特例,是单边环境政策背景下的一个重要课题。评估欧盟排放交易体系严格控制制成品贸易的各种潜在措施,以及各项紧缩政策措施带来的直接排放成本,和用电的间接排放成本。单方面政策干预改变了国内生产商与其全球竞争对手相对竞争力的关系。在极端情况下,碳泄漏消除了单方面政策对缓解全球总排放量的贡献,而实施该政策的地区则在产出、就业和福利方面造成损失。由于欧盟排放交易体系的竞争力下降可以直接发生,因为当电力生产商将排放成本转嫁到电价时,生产者必须减少或支付其自身排放成本,并间接通过电力消耗。在欧盟排放交易体系中,直接排放成本主要是在研究期间通过自由分配支付,因此当考虑净直接成本时,大多数部门享受净补贴。此外,迄今为止总体排放成本较小于其他材料成本。除了低碳价格和免费分配外,还存在进一步的泄漏障碍:搬迁成本高且风险大,因为新的东道国地区未来也可能会引入相应的政策。最后,欧盟排放交易体系也可能有一些有益的影响,例如激励生产者的绿色创新,这有助于他们变得更具国际竞争力。

　　研究结果与其他环境政策的现有工作相关,例如,Aichele 和 Felbermayr 表明《京都议定书》的相关性影响已导致碳泄漏。我们的结果表明,Aichele 和 Felbermayr 发现的泄漏必定发生在京都签署国,这些国家不属于欧盟排放交易体系。

第四节　欧盟碳排放权交易机制实施的相关成本费用分析

　　EU ETS 的实施产生了较好的减排效果,并推动了相关低碳产业和全球碳市场的发展。但好的减排机制既要具有促进减排的环境有效性,也要具有不会让交易机制所覆盖下企业造成过大负担的成本有效性。如果一项减排机制的实施,所实现的减排是以企业实施高昂的成本费用为代价,会给企业带来额外的巨大经济负担,这样的减排机制并不是良好的减排机制。因此,在分析完 EU ETS 对碳减排和低碳产业的促进作用外,下面将对企业在实施 EU ETS 过程中所产生的相关成本费用进行分析。

一、实施 EU ETS 过程中所产生的相关成本费用界定和分类

这里分析的成本费用不是指减排相关的直接成本,因为这种直接减排成本不论国家政府实施哪种政策手段控制碳排放,企业为实现减排目标直接采取减排措施都会发生。也不是狭义上的直接的市场交易费用。而是指公司为参与碳排放权交易机制,达到碳排放权交易机制规则要求所投入的资源。具体地说包括前期准备实施 ETS 发生的成本,建立相关制度达到参与 ETS 规则要求所产生的成本,和参与市场交易所发生的成本。既包括为交易准备过程中发生的各项行政成本①,也包括直接的交易费用。

根据上述对机制实施过程相关成本费用的界定,可以对企业在实施 EU ETS 过程中产生的成本费用分为三类:(1) 早期实施成本——即在 2005 年 1 月 EU ETS 生效之前,企业为准备实施 ETS 要求所产生的成本;(2) ETS 要求企业必须执行的监测(Monitoring)、报告(Reporting)和验证(Verification)费用(简称 MRV 费用);(3) 交易成本。前面两种成本是 ETS 覆盖下所有企业都会发生的;而第三种交易成本只有进入碳交易市场进行排放配额买卖的企业才会产生。

早期实施成本是开始实施 ETS 之前所发生的成本。包括:(1) 企业为熟悉 ETS 相关规则和准则相关的学习和培训费用;(2) 聘请相关咨询顾问公司的服务费;(3) 对公司基准线排放量

---

① 贝茨(2005)指出行政性质的费用将是一个社会的损失,因为他们是不影响交易量的真正的资源损失。

进行计算统计的费用；（4）建立受 ETS 监管的排放设施交易账户；（5）任何必要的资本设备的购买（如碳排放监测、数据录入和存储设备的购买）。早期实施的这部分成本大部分是固定成本。

监测、报告和验证费用是监测、报告和验证流程所产生的相关费用。因为 ETS 对企业排放装置强制要求每年进行监测、报告和验证排放量，所以这部分成本每年都会持续发生。

交易成本是公司进入碳交易市场参与交易所发生的费用。配额交易相关的成本是可变的，因为这项费用依赖于碳交易量和交易金额；此外还有交易信息搜寻费用；如果企业是通过第三方间接交易，还会产生相关佣金费用。

对企业实施排放权交易机制的成本费用问题，实证调查研究分析是唯一有说服力的方法，由于这方面的分析遭遇了能否取得相关数据的困难，因此在当前文献中相关的实证研究是相当的少。

二、都柏林大学的企业调查

都柏林大学 2009 年为了了解 EU ETS 实施所发生的成本费用问题，对参与 EU ETS 第一阶段的爱尔兰公司所产生的成本费用进行了较详细和深入的调查。本部分成本分析将引用都柏林大学的调查报告资料作为分析的数据来源。

调查对象：EU ETS 所覆盖的所有爱尔兰公司。除了金属加工业，爱尔兰具有 EU ETS 所覆盖的所有产业。许多公司还有多个受 ETS 管制的装置设施，各装置不同规模，因此可让我们了解到不同规模装置之间的实施成本费用是否不同。当然在某些方面爱尔兰在欧盟成员国中并不具有典型性——它的二氧化碳排放中 ETS 部分比例并不高（大约 30% 左右），并且服务型经济产业正迅速发展，工业出口也主要集中于非能源密集型产业。

调查方法：对爱尔兰公司的调查主要包括两个阶段：（1）邮件调查；（2）面对面访谈。在第一阶段，调查问卷被发送到所有的 27 家公司,这些公司运行着 EU ETS 试验期所覆盖的 106 个装置。这 27 家公司在 8 周内完成并提交了问卷(2008 年 7 月 1 日到 2008 年 9 月 1 日)。这 27 家受访公司占到了所有 68 家爱尔兰公司的 39.7% 和 2005—2007 年总配额的 69.9%。根据受访公司已验证的碳排放量水平,这些公司被分为三种类型:大公司(平均每家公司每年在爱尔兰总的 22.3 百万吨配额中占到 2% 以上的份额),中型公司(占 0.1% 到 2% 的份额)和小公司(所占配额份额小于 0.1%)。在第二阶段,根据行业和规模识别出有代表性的受访者,面对面进行调查。

三、企业实施 EU ETS 的成本费用分析

(一)早期实施的成本状况

都柏林大学在调查过程中将前期实施的固定建设成本分为三种:(1)内部管理成本;(2)咨询费用;(3)资本支出。

(1)内部管理成本。在受访公司中有 25 家公司发生了时间和职工方面的内部成本。一些公司为达到 ETS 要求,在早期实施准备过程中,招聘了新员工或进行人员调动工作安排,并安排时间专门组织实施和相关的培训学习。

(2)咨询费用。在调查中有 12 家公司在实施 ETS 机制中发生了相关咨询费用。这类咨询服务费用在 3 000 欧元到 5 万欧元之间(平均是 1.7 万欧元)。调查发现排放配额多的公司相比配额少的公司所发生的咨询费用高。

(3)资本支出。有 9 家公司发生了基建投资方面的资本支出,这类成本大概在 5 000 欧元到 88 万欧元间,也是跟公司所拥有的配额数量有关。一家公司报告到为实施 ETS,公司不仅在有形资产方面要做一些必要的改变,无形资产方面也要做必要提升,如购置和提升为数据整理和报告二氧化碳排放量所需的信息技术。

　　其中有 5 家公司在早期实施 ETS 机制过程中发生了上述所有三种成本费用，只有 2 家没有发生这三项成本费用中的任何一项。

　　受访公司按所发生的成本费用大小对早期实施的项目进行了排序。大多数公司认为测量基准线排放和学习欧盟 ETS 机制的功能是早期实施准备过程中产生最多成本费用的两项；而申请配额和递交监测报告计划是费用最小的两项。

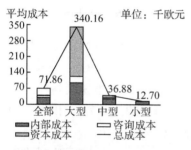

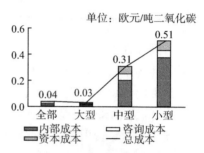

图 7-1　不同规模公司早期实施的平均成本　　　　图 7-2　不同规模公司平均排放每吨二氧化碳早期实施单位成本

　　图 7-1 和图 7-2 概括了受访公司早期实施的成本，表示在 ETS 试验期过去三年中所验证的每吨二氧化碳每家公司平均欧元费用。

　　从图 7-1 中可以看出，在早期实施的投资支出平均额上，配额多的大公司花费比较多，平均花费是 34 万欧元，中型公司是 3.69 万欧元，小型公司是 1.27 万欧元。即额配多的大公司早期实施投资支出分别是中小型公司的 10 倍和 30 倍。然而在每吨碳排放量的单位成本上，配额少的小公司的单位成本就明显表现出比大公司高。如大公司单位排放量的早期实施成本是 0.03 欧元/吨二氧化碳，而小公司是 0.51 欧元/吨二氧化碳，小公司是大公司的 17 倍。

　　早期实施成本的构成上，在不同规模公司之间的表现也不同。资本支出是大公司早期实施成本中的主要部分，而中小型公司的内部管理成本比资本支出和咨询费用之和还要高。大公司具有更高的资本支出成本有可能是因为监测要求。大公司受到比小公司更严格的监测和报告要求,并且大公司经常有多个和复杂的排放源,这两点导致了大公司需要购买安装昂贵的监测设备。各类公司相对低的咨询费用说明政府相关部门提供了对ETS机制的实施进行免费的良好咨询服务,或者机制规则要求较清晰,没有必要进行外部咨询。

(二)监测、报告和验证费用(简称 MRV 费用)状况

因为在欧盟 ETS 机制下,监测、报告和验证(MRV)流程是强制性的,所以所有的受访公司都发生了 MRV 费用。MRV 费用包括内部(员工)费用和咨询验证费用,并且一般来说每年都会发生,因为 MRV 流程是在年度基础上进行的。图 7-3 和图 7-4 体现了 MRV 费用的大小、分布和构成。

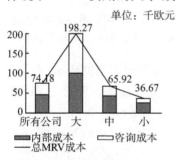

图 7-3　各类公司的 MRV 费用构成图

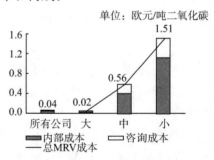

图 7-4　各类公司单位碳排放的 MRV 费用构成图

与早期的实施成本一样,从总量上看,配额多的大公司发生较多的 MRV 费用,每年要花费 19.8 万欧元,小公司是 3.67 万欧元;但是小公司在单位碳排放的 MRV 费用明显要高出许多。如图 7-4 所示,小公司和大公司在单位每吨 CO_2 的 MRV 费用之间的差异很大:大公司单位碳排放的 MRV 费用是 0.02 欧元/吨 CO_2,而小公司是 1.51 欧元/吨 CO_2,是大公司的 76 倍。MRV

费用的构成与早期实施成本存在差异。在 MRV 总的费用中咨询费用的比重比早期实施成本的比重大。对大公司来说,内部费用和咨询费用差不多,而对中小公司来说,内部费用大大超过咨询费用。

大公司较高比重的咨询费用,以及受访公司提供的资料证明大公司不仅关注是否达到 ETS 机制目标要求,还具有碳排放管理成本最小化的目标。而小公司除为了达标外很少有财力为其他目标去聘请咨询顾问,他们一般只为验证要求才寻求外部服务公司帮助。正如一个大公司在调查报告中就提及外部咨询顾问不仅帮助他们完成了必要的 MRV 流程,而且指出公司潜在的减排机会。此外,在费用比例上大公司在监测上花费比较多,他们更经常监测验证他们的碳排放,每周或每月都做监测,这正是高效管理碳排放所需。受调查的公司还揭示了大多数公司在实施欧盟 ETS 机制之前没有对碳排放进行监测,并且参与欧盟 ETS 机制已影响到了大多数公司的日常运营。

（三）交易费用

与早期实施成本和 MRV 费用不同,交易费用是可变的,它们依赖于配额的交易量。在 27 家受访公司中,有 11 家公司在欧盟 ETS 实施的每一阶段进行了排放配额的交易:6 家公司是售出配额,5 家公司是买进配额。其余的 16 家公司没有在市场上进行买卖配额。有 7 家公司在第一阶段结束时还持有多余的排放配额在手上没有参与交易。

没有参与市场交易的 16 家公司被问及为什么不参与市场交易时,14 家公司回答到他们公司不需要进行市场交易也可以达到碳减排目标。没有一家公司回答说因为交易费用的存在或市场配额价格太高让他们放弃参与市场交易。有 15 家公司回答他们持有多余的配额是因配额的价格太低而不想去参与交易。在参与交易的公司中,有的公司是直接交易,有公司是通过第三方间接交易。在被问及为什么通过第三方间接交易时,他们的回答是没有做直接交易的内部培训,及间接交易效率比自己去直接交易要高,此外,较低的佣金费用也是重要吸引人的因素。碳排放交易市场的佣金费在 2005 年 1 月是每交易一吨二氧化碳是 0.1 欧元,而到了 2006 年 8 月则下降到了 0.06 欧元/吨二氧化碳。

这些调查表明欧盟的 ETS 市场第一阶段末期配额价格过低是这些公司不参与交易的主要原因,与交易相关的交易费用成本不是企业确定是否参与交易的重要因素。

(四)总的成本费用

图 7-5 和图 7-6 概括了大中小型公司在第一期实施 ETS 中所有成本费用的负担。成本分布显示,排放配额多的大公司承担成本费用总额在总量上要比小公司多;但对小公司来说单位每吨二氧化碳排放的成本费用(2.02 欧元/吨二氧化碳)比大公司(0.06 欧元/吨二氧化碳)要高出 30 多倍。

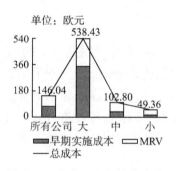

图 7-5　各类公司总的成本费用　图 7-6　各类公司单位成本费用

总之,从上面的成本费用分析中可以看出,配额多的大公司在实施 EU ETS 时,每吨只有 0.05 欧元的成本,并且这些大公司占据了 EU ETS 下大多数二氧化碳排放,设计一个机制去限制这些大公司的二氧化碳排放,这些成本费用对它们来说是合理的。在调查中没有公司抱怨成本费用负担过重的问题,一些企业

不参与市场交易是因为配额价格过低。这从侧面说明 EU ETS
在推动企业进行减排的同时，并没有加重企业过重的成本负担问
题。所存在的问题是那些只有非常少排放量及配额少的小公司，
他们面对着相对高的单位每吨碳排放成本费用，成本费用负担上
要比大公司重得多。

　　欧盟委员会在第一阶段试验期结束后，看到了小公司在实施
ETS时的成本费用负担过重问题，对 2012 年以后阶段 EU ETS
做出了修改。规定对排放量少于 1 万吨设施的企业可以选择退
出这个交易机制，就是旨在纠正这种（大小公司）不成比例的成本
问题。但遗憾的是又规定企业退出的条件是要提交同等的解决
措施和持续报告排放量。这样，排放配额小的公司退出 ETS，将
不会减少每年都有的 MRV 费用，这些小公司为了取得退出资格
仍然要继续支付这些费用。

第八章 欧盟碳排放权交易机制阶段实施评价分析

为了以尽可能少的成本达成《京都议定书》承诺的减排目标，欧盟探索实施碳排放交易机制。EU ETS 是世界上第一个大规模的二氧化碳排放交易体系。2003 年由欧盟指令 2003/87/EC 创建，于 2005 年生效，覆盖 25 个国家的 10 000 多个工业装置。

第一节 欧盟选择排放交易机制理论优势与发展实施阶段概述

一、欧盟选择 ETS 的理论优势

ETS 旨在激励企业以最具成本效益的方式减少排放，奖励碳效率，并激励创造新的减排方法。它确保碳排放交易市场价格等于所有受控来源中最低的边际减排成本。ETS 提供了一种机制，排放者(工厂经营者、炼油厂等)可以通过该机制确定最具成本效益的减排方式，并将碳减排战略纳入日常业务决策。由此产生的碳价格应为企业创造长期的可预测性，这是有效投资决策的关键因素。

首先，欧盟选择 ETS 的优势，来自减排使用配额的"机会成本"。将温室气体排放限额的成本转嫁给消费者将产生激励措施，以减少对温室气体密集型商品的需求。同时，这将使生产商的现金流增加到投资于减排技术。在所有竞争对手在运作良好的市场中都受到类似的碳限制的情况下，欧盟排放交易机制(至

少理论上)将是以尽可能低的成本实现欧盟和联合国气候目标的最合适工具。因此,排放交易将超越现有的环境政策(主要被视为不可避免的管理费用),通过建立一个长期的、可预测的价格信号,公司将根据该价格信号做出投资决策,同时保持实现环境目标的巨大灵活性。

其次,选择 ETS 的优势,是通过限制覆盖源的总体排放水平,提供了环境确定性。从内部市场的角度来看,排放交易有望对欧盟市场竞争的扭曲降至最低,因为它对所有行业都施加了欧盟范围内的碳价格,消除了可能产生不同国家碳"影子"价格政策的负面影响。

最后,欧盟选择 ETS 原因可能是不可避免的。因为在《京都议定书》的背景下,欧盟治理水平上处理温室气体排放的所有其他政策工具都不可避免的失败了。最引人注目的是,1992 年欧洲提出的碳税和能源税提案,欧盟委员会未能通过,后来作为统一征税规则被撤销。同样,自愿协议或"协商"一段时间以来,欧盟工业界提出的环境协议几乎没有什么进展,因为使用这一工具在欧盟机构远未达成任何共识。在这种情况下,排放限额交易计划被认为是最重要最适当的治理工具,特别是与《京都议定书》下的排放上限的内容及成本效益的概念保持一致。

因此,自 2003 年初采用欧盟 EET 指令以来,欧盟和欧洲经济区(EEA)就将碳排放定价的形式(即 Cap-and-Trade program)作为其气候政策的基础,达成了广泛共识。欧盟排放交易机制得到部长理事会和欧洲议会的绝大多数一致通过。同样,作为欧盟气候和能源一揽子计划的一部分的修订也大约一年内通过,这也表明欧盟机构内部对碳排放交易机制实施的共识。总体上,欧盟排放交易机制是欧盟委员会在欧洲气候变化方案之前、期间和之后与利益相关方进行深入磋商的结果,随后在部长理事会和欧洲议会之间进行了深入讨论通过。

二、EU ETS 实施阶段过程概述

ETS 作为新生事物，欧盟以谨慎原则，通过规划四个实施阶段逐步推进完善，以达到了促进市场主体减少碳排放的目的。

第一阶段为 2005—2007 年，旨在测试和评估排放市场，作为试验性阶段，主要目的是"在行动中学习"；各成员国制定各自限额（国家分配计划），主要免费发放。由于在第一阶段的碳配额分配以企业自报为主要依据，导致预估失误，配额超发严重。在 EU ETS 第一阶段后期，即 2006—2007 年间，碳价格急剧下跌至接近的水平。

第二阶段为 2008—2012 年，是实现欧盟各成员国在《京都协议书》中全面减排承诺的关键期。由于第一阶段的经验教训，EU ETS 在第二阶段迅速调整了配额分配与交易制度：首先，将配额分配方法调整为基线法以减少配额超发，同时通过配额持续性的拍卖为市场提供基础性的价格基准；其次，允许企业将当期用不完的配额留存到下一期使用，从而增加了储备需求；最后，探索设立市场稳定基金，在碳价格过度下跌（或者上涨）的情况下，回购（或卖出）配额，以平稳市场价格。这些做法有效地平抑了欧洲碳市场的价格，这也是我国碳排放交易市场建设过程中值得借鉴的，其中最关键的是确定合适的配额分配方法。第二阶段期间，冰岛、挪威和列支敦士登加入，由于分配方法改革，EUA 分配总量下降了 6.5%。但由于这阶段两次遭遇全球经济危机，能源相关行业产出减少，对 EUA 需求减少，配额市场供给仍然过度，价格接连下跌。

第三阶段为 2013—2020 年，欧盟开始对 EU ETS 系统的运行设计进行了相当大的改革，特别涉及配额分配程序和欧盟范围内排放上限的实施，制定了统一排放上限。一方面每年对排放上限减少 1.74%；另一方面，逐渐以配额拍卖取代免费分配。其中，能源行业要求完全进行配额拍卖，工业和热力行业根据基线法免

费分配。2013 年约 50％的 EUA 需要通过拍卖获得,且这一比例逐年递增。

第四阶段为 2021—2030 年,欧盟委员会已于 2015 年 7 月公布了对 EU ETS 修改的立法建议,并在 2018 年 2 月 6 日通过一项法律,进行了更加严苛要求的修改,预计碳交易市场将步入常态。该法旨在加强对欧盟工业领域二氧化碳排放的限制,以期兑现《巴黎气候协定》项下的承诺。新法将加速减少欧盟碳排放交易体系的碳排放配额发放总量,新法规定:第一,从 2021 年起碳配额发放的上限将从逐年减少 1.74％增至 2.2％,并于 2024 年再次增加该指标;第二,提高市场稳定储备委员会对市场超额碳排放的吸收能力,以最多吸收 24％超额补贴的方式,提高配额价格;第三,创立现代化基金和创新基金等,助力企业创新,推动市场向低碳经济转型。

总体而言,EU ETS 的推出促进了市场主体排放的下降。截至 2016 年,欧洲碳排放市场的碳排放量已连续第六年下降。

目前,EU ETS 覆盖 31 个欧盟成员国、冰岛及列支敦士登约 11 000 个发电站、制造工厂及航空公司约 45％的欧盟温室气体排放量,贡献了全球约 80％的交易额。欧盟碳排放交易市场的流动性不断增强,当前年成交额大约为 500 亿欧元,并受金融市场法规的监管。通过买卖双方的配额交易,促成了"价格发现",所产生的价格信号有助于引导公司寻找更加高效的减排方式——这既可促进经济发展也有利于减缓气候变化。在欧盟通过碳排放权交易机制为成员国和企业完成减排任务的同时,也为各国建立碳排放权交易机制积累了丰富的经验和教训。因此完整梳理欧盟建立排放交易市场机制的内容,分析其运行遇到的困难挑战和经验教训,是极其有意义的。

第二节　欧盟碳排放交易机制各阶段的挑战与改革

一、EU ETS 萌芽阶段的问题与挑战

由于存在供求关系，ETS 市场不是一个自然发展的市场。ETS 许可或配额市场并非是基础，而是作为特定政府目标的结果而出现。政府旨在通过 ETS 限制温室气体排放权，这人为地创造了一套新的资产（排放许可证是"准产权"），并必然伴随着有关如何建立、处理和交易这些资产的规则。

一旦确定了政策目标并建立了资产，碳排放配额市场原则上应该像其他市场一样运作。然而与许多市场一样，总是有一个重要的政府干预水平。首先政府设定了排放上限和分配配额（许可证）方法，然后制定规则，以确保直接投资和融资的信号、新技术的开发和扩散（如通过远期销售）、风险管理和交易的成本最小化。

1. EU ETS 决策非常迅速地被通过。ETS 非常迅速地在欧盟机构通过，重要原因是欧盟应对气候变化的决心。事实证明，这对政府和工业界在准备这方面提出了巨大挑战。在 2005 年启动之后，出现了一些重大的延迟。首先，会员国的登记和国家分配计划在某些情况下被推迟了一年以上；其次，延误也是由于需要修改许多国家法律造成的；再次，"初期问题"还包括安装定义不一致，与监测、报告和验证有关的问题，以及 CDM 和 JI 程序运行不足；最后，由于没有联合国系统建立的国际交易日志，以验证《京都议定书》规定的排放交易的有效性，这意味着来自清洁发展机制的借贷只能作为远期交易进行交易。

2. 初始阶段配额价格出现波动带来的挑战。价格波动这种现象在新的交易计划中经常出现。在初始阶段，只有电力部门与其他公司参与进行积极的交易。天然气价格上涨和煤炭价格下

跌迫使发电厂燃烧更多煤炭,这反过来意味着更多的煤炭排放。因此,电力部门普遍缺乏配额,这给市场参与者一种错误的印象,即市场整体短缺,尽管市场供过于求,欧盟配额价格仍达到每吨近30欧元的记录。来自那些分配不太严格的国家的市场参与者,包括但不限于来自新欧盟成员国的潜在卖家,尚未参与交易,既缺乏注册管理,也缺乏安装级别分配。

3. 排放数据收集与验证上的挑战。由于采用"祖父"原则分配方法,历史排放数据决定分配的配额量。当成员国开始免费分配配额时,数据收集问题最为明显,正如指令所预见的那样。只有三个成员国可以依赖过去验证的数据。在其他成员国,数据收集是所有利益相关者的"自愿"努力行为,导致这项工作需要政府与行业进行密集沟通交流。虽然成员国愿意交叉检查他们从行业收到的数据,但这需要时间,并且不能保证数据是准确的。包括小型设施这种情况更加复杂,这导致了政府和小型设施的总体高度行政负担。

尽管 ETS 萌芽初期遇到了以上的挑战和困难,工作存在大量"粗糙边缘",但欧盟排放交易体系仍设法为可交易的二氧化碳排放配额提供"透明且广泛接受的价格",以及必要的"市场机构,登记册,监测,报告和核查基础设施"。最重要的是,欧盟排放交易体系在公司内部引入了碳管理系统。欧盟排放交易体系为碳资产创造价格这一事实,使得碳管理既是法律必需品,也需要监测、报告和核查排放量,以及登记册中的配额登记。"碳已到达公司董事会会议室",投资者希望并且需要了解碳管理的绩效、责任和风险,因为管理者试图通过更好的管理和参与交易市场来利用机会。在某些情况下,更好的碳管理已经揭示了迄今未被注意到的减排潜力。

二、EU ETS 初始设计问题

虽然 EU ETS 初期运行成功,但无法掩盖这样一个事实,即最初的欧盟排放交易体系指令及其在第一阶段的实施存在一些缺陷。特别是配额过度分配，成员国之间分配的扭曲，意外利润和递延投资。

1. 初始分配配额方法问题。对于第一阶段和第二阶段，初始分配由国家分配计划（NAP）提供，由成员国提交并由欧洲委员会批准。在此阶段，根据历史排放量（"祖父"原则）免费分配配额。在他们的国家行动方案中，成员国将他们的上限介于"低于正常业务"之间，并朝着"符合"《京都议定书》的道路迈进。大多数国家行动方案都存在适度减排上限和高度依赖预测的问题。事实证明，大多数预测都大部分被夸大了。这种适度减排和夸大预测的结合，导致每年约 22 亿欧盟排放配额中，超额分配多达9 700 万 t 二氧化碳，即每年总配额的近 5%。Ellerman 等人发现第一期的分配接近预期的常规业务（BAU）排放量，即使是那些远离"京都道路"的成员国，也没有考虑到未来排放和增长路径的不确定性。

第一阶段的分配经验是每个成员国制定了自己的规则，特别是分配给新进入者和关闭者，这些规则在成员国之间差异很大。成员国的这种高度自由裁量权增加了复杂性、行政负担和交易成本，并且降低了透明度。此外，工业界已经能够向政府施加压力，要求政府不要提供比其他政府更少的配额。

2. EU ETS 不确定性问题。EU ETS 因不确定性而无法鼓励投资也常招致批评。虽然相当程度的 ETS 不确定性是由于2012 年后国际协议模糊性导致的，但推迟投资的主要原因还是与 ETS 本身有关。EU ETS 初始分配期仅提供了三年甚至五年的确定性，这时长远远短于与投资周期相关的时长。其他不确定性源于配额新分配方法可能产生的负面影响，特别是关于新进入者和关闭规则。

3. "意外利润"问题。前两个阶段的免费分配产生了"意外利润"，主要是但不仅仅是出现在发电部门。发电部门拥有免费领取配额权利且可以转嫁全部碳成本,意外收益每年估计达到了130亿欧元。这反过来提高了市场对拍卖配额(与免费发放配额相对应)的兴趣,并最终在2013—2020年的第三阶段全面拍卖发电部门的配额。

三、EU ETS 第二阶段的改进

2008年至2012年第二阶段期间,第二轮配额国家分配改革计划在欧盟成员国和欧盟实施方面取得了一些进展。由于需要在"京都道路"上目标保持一致,成员国的配额分配余地较少。最重要的是,由于欧洲委员会可以采用一种方法来评估成员国的分配计划,从而事实上强加了欧盟范围的上限,因此避免了过度分配。对于第二阶段的所有国家行动方案,欧洲委员会根据2005年全面核实所有成员国的排放量使用了明确的"客观"预测,因此欧盟委员会可以削减成员国10%的拟议配额,这被认为在ETS第二阶段使部门配额短缺约5%。由于第二阶段的国家行动方案,配额的预期价格上涨到约为20～25欧元/每t二氧化碳。然而,这期间经济危机导致价格暴跌,这似乎让欧盟排放交易体系处于价格可能无法长期"恢复"的境地。

第二阶段有可能豁免成员国小排放者,以减轻排放监管的负担。目前该计划中的设施装置几乎占欧盟二氧化碳排放量的一半,占其温室气体总排放量的40%。航空公司将于2012年加入ETS计划,这也是挪威、冰岛和列支敦士登加入碳排放交易体系的时期。

四、第三阶段的彻底检修

EU ETS第一阶段和第二阶段的经验及明显的设计缺陷,极大地帮助了欧洲委员会提出并采纳激进甚至革命性的变革。新阶段EU ETS方案的主要特点是采用单一的欧盟区域排放上限,每年将以线性方式减少1.74%,即单一的欧盟区域上限,从

2013 年开始每年将以线性方式减少 1.74％。由于没有日落条款,这种线性减少将持续到 2020 年以后。

设置欧盟区域的协调分配规则。基于欧盟区域内的统一基准,部分免费分配给行业,其余可以通过其成本进行全面拍卖。从 2013 年开始,电力公司将不得不在拍卖市场中购买(几乎)所有的排放配额;但是对于一些中欧和东欧成员国来说有一些减扣,2013 年现有这些国家发电部门的拍卖率将至少为 30％,然后将逐步提高至 100％。这意味着,像波兰这样的国家现有的燃煤发电厂仍将免费获得配额,但新发电厂将需要购买配额。

对于 ETS 涵盖的工业部门,欧盟将拍卖率在 2013 年设定为 20％,到 2020 年增加到 70％,以期在 2027 年达到 100％,目前已开始实施程序。然而,根据全社会产品基准,以平均 10％的大多数温室气体设定,受到非欧盟企业重大竞争,并因此可能遭受碳泄漏行业的节能装置将在 2020 年之前免费获得 100％的免税额。到目前为止,这将包括覆盖部门的最大部分,即约 70％至 80％甚至更多,此外,12％的整体拍卖权将重新分配给人均 GDP 较低的成员国(10％)和采取早期行动的成员国(2％)。该系统将扩展到化学品和铝生产部门及其他温室气体,如肥料中的 N_2O 和铝中的 CF_4。欧盟成员国有一项无法律约束力的承诺,即在欧盟和发展中国家将至少把一半的拍卖收入应用于应对气候变化。

来自欧盟排放交易体系新进入者储备多达 3 亿的配额,将用于支持碳捕集与封存(CCS)和可再生创新技术的示范。成员国可以为电力密集型行业因更高的电价提供经济补偿。为此,欧盟委员会制定欧盟指导方针,与前几个时期一样,欧盟以外的"京都议定书"下的项目配额将受到限制,修订后的排放交易体系将限制欧盟排放交易体系中使用所需减排量不超过 50％的项目配额,2008—2012 年剩余的 CDM 与 JI 减排量可以使用到 2020 年,以确保减排目标将在欧盟实现。

五、第四阶段的改革变化

当前 EU ETS 已运行了三个阶段,这也是 ETS 不断改革完善的过程。在第一阶段,由于总量设定和排放权跨期问题导致市场失灵,排放配额 EUA 的价格大幅下跌至接近 0 元;在第二阶段,引入外部减排成果如清洁能源机制(CDM)等导致碳价长期低价运行,最终实质减排效果不佳;进入第三阶段,改变了前两阶段国家分配方案(NAP),建立了国家履行措施(NIM),将排放额确定的权利从各国收归欧盟,避免各国从自身利益出发高估发展速度获得超出需要的排放限额。

针对前三阶段运行中产生的各种问题,2018 年 2 月欧盟正式通过了 EU ETS 的第四阶段改革方案。新方案进一步缩减排放配额总量并暂时将 2023 年以前超出限额的排放所得税率翻倍至 23%,所征收的所得税将放置入市场稳定储备(Market Stability Reserve)。同时,引入现代化基金和创新基金两个低碳基金机制。现代化基金将会被用作支持提升能源效率的投资及低收入成员国能源部门现代化,而创新基金将会提供财政支持给能源密集型行业使用再生能源和碳捕捉及存储等创新技术。此外,配额拍卖比例将会提升至 57%。考虑到碳泄露对区域内企业的不同影响,设定了受碳泄露影响的企业名单,并对名单内与名单外企业设定不同的免费排放额度,以保持欧盟企业的国际竞争力,免费额度的标准会参考技术进步水平定期更新。对航空业这一特殊领域,欧盟延长了"停止时钟"条款,2014 年以前洲际航班将不会被纳入 EU ETS。在修正案得到批准后,EUA 价格从 5 欧元/t 涨至 13 欧元/t,显示出市场对第四阶段改革方案的认可。

六、EU ETS 未来的改革变化

EU ETS 第四阶段的改革不是终点,ETS 的改革措施仍在探索中。

首先,几个实施规定尚未最终通过,例如,关于排放的分配、监测和报告,新的排放气体和部门将需要修订监测和报告指南(MRG)。

其次,EU ETS 指令还在不修改指令的情况下为可能的变更制定了框架。这包括如成员国在某些条件下选择加入新排放气体和活动的可能性,这是过去已经适用的条款。第二种构成国内抵消计划可能性,即第 24 条规定的所谓社区一级项目,成员国可以在 EU ETS 覆盖范围之外的减排项目中发放配额额度;另一条(第 27 条)允许从 ETS 中排除小型装置。最后,ETS 通过相互承认配额功能将 ETS 与其他区域、国家或次国家排放交易计划联系起来的授权条款(第 25 条)。另一个可能引发争议的问题是成员国对电子密集型产业的补偿,虽然欧盟委员会将制定指导方针,但成员国之间存在新一轮竞争的风险。

第三,修订后的 ETS 指令明确预见到在国际气候变化协议的情况下修订的可能性。根据协议的性质,这可能意味着降低上限,例如欧盟决定采取 30% 的单边欧盟削减承诺。目前每年的 ETS 线性减少系数为 1.74%,这几乎肯定不符合 EU/EEA 气候科学和国际气候变化目标。根据此类协议的内容,这将会影响到一系列实施规则,包括显著的分配规则、灵活机制的作用、林业配额的纳入和土地使用的变化。无论指令中的审查条款如何,欧盟都可以通过修改指令来实施其他更改。

第三节　欧盟排放交易机制前期两阶段碳减排有效性研究

EU ETS 在引导电力和工业部门减排方面的有效性仍然存在争议。经济理论认为,从碳定价的那一刻起,工业将做出反应并制定减少排放的战略,以便减少配额购买量,或者减少因排放活动而产生的超额配额。排放低于其上限的装置将允许出售其剩余的排放配额,反之则需要购买不足的配额。因此,买方支付污染费用,而卖方因减少排放而获得奖励。实际上,这种激励可能会受到交易成本的影响而缺乏兴趣,因为经济收益可能较低或受战略行为的影响。一些学者认为,在第一阶段和第二阶段,大部分配额都是免费分配的。工业并不总是通过全额配额价格,而是利用免费配额来补贴生产以获得市场份额,因此减排效果不一定好。

一、配额供给与减排关系

配额价格影响减排动力,而配额供给关系决定价格,因此需要关注配额供给的影响关系。绝对排放水平及在没有政策的情况下是经济活动的水平会影响配额的供给关系。首先,配额分配方案会影响配额的供给关系。即整体上限和区域各个排放装置之间的分配,决定了排放上限。因此,如果分配的数量高于实际排放量,例如,在经济衰退期间,配额的稀缺性将会减弱。其次,公司和部门的排放和减排受到许多其他因素的影响,这些包括天气、燃料价格(即煤炭和天然气价格之间的差异),以及不同部门或可支配收入内的经济活动水平。再次,导入 ETS 系统以减少总体配额价格水平的 CDM 或 JI 等信用抵消额的数量和价格也是影响配额供给关系的重要因素。最后,政府的减排决定也会影响市场和配额价格的预期。

许多研究已经讨论了 ETS 和配额价格引起的减排是否可以在第一阶段和第二阶段确定的问题。然而,结论仍然存在不确定性。通常情况下,排放的变化很难归因于欧盟排放交易体系,因为其他政策和决定因素可能会影响企业的决策。显而易见的是,目前的数据无法确定标准模式或平均减排量,因为减排与二氧化碳价格之间的关系过于复杂。尽管如此,根据一些研究证据表明,可以在常规范围之外减少排放。

二、EU ETS 前两阶段减排效果评估

鉴于 EU ETS 仅在 2005 年开始并且仍然相对较新,关于

ETS 事后减排效果分析的研究不是太多。最著名和最权威的研究是 Ellerman 等人的研究,他们对欧盟排放交易体系所涵盖的工业和能源部门产生的排放量进行详细分析。该研究得出的结论是,自引入欧盟排放交易体系以来,工业和能源部门排放都在减少,尽管配额分配过多导致二氧化碳价格非常低。2005 年和 2006 年,Ellerman 和 Buchner 得出的结论是,"这些年中每年可能减少 5 000 万到 1 亿吨的排放".① 这将占 ETS 覆盖排放总量的 2%~5%。Ellerman 证实了欧盟排放交易体系整体第一阶段影响排放量的数额,即减少 2%~5%,转化为二氧化碳数量是 1.2 亿~3 亿 t。该数据是根据基准情景估计预测得出的 ETS 所涵盖行业中生产单位排放强度变化率,由于效率提高而具有相对稳定的改进(即排放强度降低)。因此,在没有 ETS 的情况下,用 2005 年的前一年的 ETS 部门二氧化碳排放量乘以观察到的 GDP 变化率和 2000—2004 年的 CO_2 强度改善年率;然后将两者偏差归因于新的发展(即 ETS)。根据这一结果分析,欧盟范围内没有均匀减排:80% 的减排发生在欧盟 15 国,即欧盟在 2004 年扩大之前构成的成员国。与基准情景相比,"新"成员国也出现了减少,但这主要归因于经济的持续重组,因为新成员国因其发展需求而被分配了过多的排放许可证。

Ellerman 等人提出了欧盟排放交易体系影响燃料转换的证据。在燃料转换(即将石油或燃煤发电站转换为燃气发电站)的推动下,能源部门的大部分减排已经发生。煤炭到天然气发电站转换,主要是由于碳价格信号(无论是实际价格还是价格预期);没有欧盟排放交易体系,就没有动力转换。Delarue 等人也得出结论,电力部门分别在 2005 年和 2006 年减少了 88 t 和 59 t 的排放量,这可以通过燃料切换这一事实来解释。

---

① Ellerman D, BUCHNER B K. Over-Allocation or Abatement? A Preliminary Analysis of the EU ETS Based on the 2005 - 06 Emissions Data[J].Environ Resource Econ, 2008(41).

能源使用和燃料（如煤和天然气）价格之间的相互作用模型，可以解释燃料转换是由于外部因素影响而与燃料价格无关，考虑到燃料转换的幅度很可能是归因于监管效果，意味着 ETS 规则和期望存在的潜在影响。尽管工业部门也出现了减排，但是 2007 年高油价和低碳价格的结合降低了转换的速度，Ellerman 等人认为存在过度分配配额，由于与能源部门的配额交易，还有可能因为以有限的方式进行配额借贷（CDM 信贷的形式），配额的市场价值还是导致成本效益高的能效投资。碳价格（特别是预期的未来碳价格）推动企业投资能源效率。虽然由于更严格的配额分配，电力部门减排的激励措施最高，但碳市场的存在和有效的价格已经导致工业部门的排放减少。

Rogge 和 Hoffmann 也将减排的积极影响归因于欧盟排放交易体系，并指出欧盟排放交易体系还促进了技术创新。虽然欧盟排放交易体系并非专门针对创新，但该研究提出了德国电力行业创新的证据。2006 年 12 月和 2008 年 11 月，基于 37 个企业之间进行的探索性访谈，与欧盟排放交易体系有关的电力部门和技术创新领域的德国和欧洲专家合作。研究发现 ETS 加速了大规模煤电发电技术的创新过程，重点是能源效率和 CCS。因此，发电部门和技术提供商对 ETS 做出了反应。还可以观察到 ETS 已经导致主流化，反应在或触发碳约束思维的变化。配额缺乏可预测性和严格性已经抑制了对需求变化的更大影响，Rogge 和 Hoffmann 将欧盟排放交易体系的积极影响归因于能源部门的创新（如可再生能源的上网电价），作为更广泛政策组合的一个组成部分。该研究认为，欧盟排放交易体系，特别是该政策未来的预期严格性，已经引发了创新，从而减少了排放。Hoffmann 早期基于案例研究分析，表明德国电力公司在 ETS 下将二氧化碳成本纳入其投资决策中。然而研究发现，这只是短期摊销的小规模投资的驱动因素。Rogge 和 Hoffmann 的新研究更进了一步，从 42 个探索性访谈中解释了他们的研究结果，即 ETS 影响了大型煤基段内发电技术变革的速度和方向,其中碳捕获技术被添加为新的技术轨迹。

关于 ETS 价格与其他投入因素的相关性的初步调查表明,ETS 确实在推动大规模投资,但对小额投资没有明显影响。似乎这些影响主要基于信号和期望。公司可能会根据对未来政策收紧和价格上涨的预期而非当前价格水平进行投资。需要注意的是,这种影响难以与研究所适用的统计分析中价格变化的影响区分开来。

基于 Ellerman 等人在宏观和行业层面采用的方法,将减排水平的分析扩展到欧盟排放交易体系第一阶段的整个持续期(从 2005 年到 2009 年)。计算以简化的形式比较 ETS 部门的二氧化碳强度改善与 BAU 基准情景的二氧化碳强度改善。如果能源价格和天然气等其他因素保持不变,估算与欧盟排放交易体系影响和补贴价格相关的减排比例,这种减排不同于生产水平(即 GDP)的变化引起的排放波动。表 8-1 中的计算分为 ETS 的两个时期,从 2005 年到 2007 年的第一期与 ETS 第一阶段相符,以及欧盟 ETS 第二阶段的 2008 年至 2009 年时期。一个重要的方法步骤是使用平均变化率,期间的排放强度,采用 2006 年和 2007 年的年率,作为二期预测的 BAU 基准情景水平。这一改进率是根据每年 ETS 部门实际排放量和 EU25 GDP 增长的相对变化计算的(表 8-1 中的方法说明)。对于第一阶段,预计的改进率是根据 Ellerman 等人对 2000—2004 年的趋势估计的。

在 2006 年和 2007 年,ETS 整体的年度排放强度改善绝对值比预计的 1% 分别高 1.1% 和 0.9%,这些差异是排放强度降低的部分,可归因于 ETS 引起的减排,因此称之为"减排部分"。因为第一阶段的排放量低于缺乏欧盟排放交易体系时的排放量,这表明 ETS 有减排效用。从某种意义上说,该预测已经反映了欧盟排放交易体系从第一阶段开始对减排的影响,使得第二阶段的减排仅归因于这一新时期的影响,例如,ETS 更先进的第二阶段的排放量其至低于第 1 阶段,这体现在 2008 年和 2009 年的年度排放强度改善,比预计的 2% 的平均水分别平高出 1.3% 和 5.4%。

表 8-1 EU ETS 部门每年的二氧化碳排放量和强度变化(EU25)

项　目	第一阶段			第二阶段	
	2005 年	2006 年	2007 年	2008 年	2009 年
1. ETS 二氧化碳排放量（Mt CO_{2e}）	2014	2036	2056	1998	1773
2. EU25 实际 GDP 增长率	+1.9%	+3.2%	+2.9%	+0.4%	-4.2%
3. 排放强度预计变化率	-1.0%	-1.0%	-1.0%	-2.0%	-2.0%
4. 排放强度实际变化率	-2.0%	-1.9%	-3.3%	-7.4%	
5. 减排部分		-1.1%	-0.9%	-1.3%	-5.4%

注意:选择 EU25 数据是因为第一阶段仅包含 25 个成员国。资料来源:Eurostat,EEA,Ellerman,Convery 和 de Perthuis(2010)

2008—2009 预测采用前一时期(2006—2007 年)的排放强度实际变化率的平均值。采用这种简化的宏观方法的一个问题是基于汇总的估计数是出于数据可获得性原因,未公布单独部门的确切基本增长趋势。这种宏观分析使用整个经济体的 GDP,而 ETS 部门的 GDP 部分可能以不同于整体经济的速度增长。更精确的生产水平可以更准确地估算 ETS 部门的减排水平,但不可能影响减排是否发生的结论。

作为特定 ETS 工业部门强度变化的不同趋势的一个例子,见表 8-2。遵循与表 8-1 相同的方法,但表 8-1 只是基于非燃烧排放的部门级数据。排放强度的计算取决于欧盟范围的国内生产总值,使用经济中制造业部门的总增加值。

表 8 - 2 EU25 工业部门年排放量和强度变化

项 目	第一阶段			第二阶段	
	2005 年	2006 年	2007 年	2008 年	2009 年
1. ETS 工业部门二氧化碳排放量（Mt CO_{2e}）	555	565	572	557	457
2. 制造业总增加值	＋1.8％	＋4.4％	＋3.5％	－2.3％	－13.5％
3. 排放强度预计变化率*				－2.3％	－2.3％
4.排放强度实际变化率		－2.5％	－2.2％	－0.4％	－5.1％
5.减排部分				＋1.9％	－2.8％

　＊ETS 工业部门：生铁或钢铁；水泥熟料或石灰；玻璃包括玻璃纤维；烧制陶瓷制品；造纸等产业。资料来源：欧洲统计局，欧洲经济区

　　数据显示，2008 年 ETS 工业部门的排放强度改善比 2008 年 BAU 基准情景－2.3％预计的差（＋1.9％），但 2009 年比 BAU 基准情景－2.3％预计值好（－2.8％）。这些结果自然不同于宏观 ETS 结果，因为每个部门可能或多或少地作为整体的一部分减少，这个例子与表 8 - 1 的结果并不矛盾。

　　但如表 8 - 1 所示，表 8 - 2 中的预测包含了第一阶段实现的减排，包括欧盟排放交易体系第一阶段的影响及该期间碳价的存在。因此，仅基于这些简化的计算，就可以说，与第一阶段（非燃烧）工业部门的趋势相比，ETS 第二阶段的开始只引起了适度的额外减排。结果表明，这种简化方法下的减排程度在很大程度上取决于预测值，即 BAU 基准情景的假设。一方面，作为 BAU 的第一阶段太短，而 GDP 的经济发展也在变化，在金融危机期间（第二阶段）可能完全不同。另一方面，在计算排放强度的改善率时将排放量编入索引，一个部门的预测值和实际值都取决于生产水平的选择，这选择与 ETS 不完全一致，排放源出自的部门容易出现不准确之处。

　　从这个简短的分析中得出的主要教训是，宏观结果显示

ETS部门的减排与BAU(欧盟缺乏ETS时)预测相比,在第一和第二阶段需要更详细(部门级)和更精确(ETS特定的生产水平)分析来确认趋势。其次,各部门的排放强度改善趋势不同,波动很大。这可以解释为它们更强烈地依赖于每个部门的非ETS因素和非ETS相关的效率措施,而不是欧盟排放交易体系和碳价格的存在,这些因素可能因部门而异。这些因素包括燃料价格和天气,它们对减排趋势的影响是否必不可少需要进一步分析,并与ETS的影响区分开来。第三,经济危机和之前的油价冲击可能对ETS行业的公司行为产生了深远的影响,即第一阶段BAU条件下的趋势不再是第二阶段可靠的BAU预测。最后,连续两年(2006年和2007年)的平均时间太短,无法形成强大的BAU预测趋势。

第四节 欧盟碳排放交易机制实施的经验启示

正是由于欧盟ETS机制在创建排放交易市场的有效性方面取得了较大的成功,因此这一机制给我们提供许多经验启示。

1.碳排放交易机制的建立和发展要循序渐进,逐步推进

碳排放交易机制的建立因涉及众多利益相关者且又是环保政策手段中的新生事物,作为先驱者的欧盟在排放交易机制建立与实施过程中,采取了循序推进的方法,表现出了以下两个好处:其一,可减少风险、积累经验,提高将来的可控性和有效性。如欧盟排放交易机制在实施过程为降低风险采取试验阶段,划分多个阶段的方法。第一阶段试验阶段的主要目的并不是立即实现《京都议定书》欧盟承诺的目标,推动温室气体大幅减排,而是一个吸取教训、积累经验的过程,给作为先驱者的欧洲碳市场一个准备和缓冲的阶段。第一阶段结束后,欧盟委员会针对排放上限过宽、配额免费分配过量等问题进行完善,这些都有利于第二阶段和第三阶段ETS更好地发挥作用。同时第一阶段也积累了有市

场价值的碳排放相关的数据,为以后阶段排放配额的分配的科学性和公正性奠定了基础。其二,可增加相关利益者的支持和政治上更具有操作性。欧盟委员会在阶段划分,产业选择范围,排放配额分配方式,总量限额控制上都以最大减少反对程度为考量。EU ETS下配额的免费分配,增加了企业的收益,使得反对声音最大的工业部门转变了态度,支持进行排放交易。

从EU ETS实施成本费用分析中可以看出,由于排放交易机制对排放量及所分配到的排放配额数量不同的企业的影响不一样,排放配额多的大企业在单位碳排放实施成本费用上要比小公司小,负担更轻,影响较小。因此碳排放交易机制在实施上要先覆盖排放量大的企业集团,再逐步覆盖排放小的企业,以避免碳排放交易机制的实施影响小企业的市场竞争力。

2. 碳排放市场的稳定性离不开企业碳排放量数据的统计支持

在EU ETS试运行的初始阶段,由于各国和相关企业的实际排放情况的数据非常缺乏,各企业的初始排放限额主要是根据粗糙的统计数据和企业的自我评估来分配;但排放配额(EUA)的市场价格决定于企业实际排放量和市场流通的配额数量,因此在2006年4月第一次官方的核查报告及排放数据出台后,投资者发现企业实际排放量并没有预期那么多,市场对配额需求量并不大,已分配的配额的数量偏多,这样EUA市场价格很快跌落下来,造成了市场价格大幅度的波动。而有了第一阶段的排放数据后,使得第二阶段投资者的市场预期,欧盟对排放上限的设置,配额的分配都得到了有依据的调整,第二阶的配额价格波动幅度因此有所减缓。因此,各国在建立碳排放交易机制时要注重对企业碳排放量数据的盘查和统计,这是建立碳排放交易机制和交易市场的重要基础工作。

3. 存储机制能对配额的价格波动起到平滑作用

存储机制即是可使上一阶段的配额存储到下一阶段使用的

一种机制。由于担心在试验阶段失败影响到第二阶段从而影响到欧盟完成《京都议定书》的任务,因此欧盟并没有允许第一阶段的配额可以存储到第二阶段使用,这也导致了配额价格到了试验阶段结束时滑落到接近 0 欧元,使得第一阶段配额价格波动幅度巨大。但到了第二阶段,欧盟改善了 ETS 机制中这一缺陷,允许第二阶段的配额存储到第三阶段使用,这样对配额的价格波动幅度起到了平滑作用。因此在 2008 年下半年到 2009 年,即使因全球金融危机配额出现过剩现象,但并没有出现同第一阶段配额价格大幅下降的现象。因为企业认为第三阶段配额可能会因为免费分配比例下降而出现配额短缺,配额价格将会上涨,因此出现了有些企业在第二阶段从市场逢低买入配额,以备第三阶段使用的投资行为,这样就抑制了配额价格大幅波动的趋势。挪威碳点公司(Point Carbon)在 2010 碳市场的报告中提到有 16％被受访者存在单纯为第三阶段配额使用而在第二阶段购买存储的行为。

4. 排放总量限额的长期规划,可以鼓励企业对低碳技术的长期投资

正是由于 2012 年以后时期的碳减排缺乏有效的指引,排放配额(EUA)交易市场需求也因此出现疲软现象,EUA 的市场价格走高也受到了限制。如果 EUA 价格过低,企业从成本利润和长期投资的风险收益上考虑,更愿意为超额排放从市场购买 EUA,而对投资清洁技术或购买清洁技术设备的意愿不强。

欧盟为了保证排放配额价格的稳定性,为鼓励碳投资者对低碳环保技术长期投资的积极性,在“后京都协议”还没有结果时,欧盟在 2009 年提出到 2020 年温室气体排放要比 1990 年至少低 20％,并将第三阶段时间延长至 8 年(2013—2020 年),2010 年 7 月公布 2013 年以后的排放总量控制目标。据 2010 年 5 月欧盟注册机构提供的数据,2009 年欧盟工业部门碳排放总量为 18.73 亿 t,比上年 21.2 亿 t 大为减少 11.6％;而欧盟 2009 年分配出去的配额 19.67 亿 t;从 2009 年排放配额供需来看,排放配额有 0.9 亿多 t

富余。英国金融时报分析,与过去碳排放配额供给富余之后碳排放价格迅速下降不同,2009 年前几个月,欧盟碳排放交易价格还略有上升,随后直至进入 2010 年,都稳定在约 13.5 欧元/t 的水平上。其原因在于欧盟长期坚定的碳减排规划,使企业可以做出相对长时期的投资决策,同时企业可以利用配额跨阶段存储机制将其拥有的排放限额保留到未来几年备用。

5. 采取多种减排政策手段与 ETS 配套使用,ETS 的成效会更明显

碳排放交易机制最终目的都是为了经济有效地降低碳排放,而降低碳排放离不开提升能源使用效率,研发可再生能源技术,调整产业结构等。由于低碳技术的市场需求还在开发中,与减排相关的低碳技术发展离不开政府财税金融优惠政策的扶持,离不开政府对产业的指导。只有让更多的企业积极投入低碳技术和低碳产业中来,排放配额的供给和需求量才会提升,配额市场就会不断壮大,ETS 市场和其他低碳产业市场已起到相互促进的作用。因此 ETS 市场的发展离不开其他气候和环保政策支持,只有综合各项相关的政策,ETS 才会更有效地起到降低温室气体排放作用。一直以来,欧盟配额市场及全球碳市场(CDM 和 JI 项目)的发展,都离不开各国政府环保或低碳等相关的政策,以及低碳产业和市场发展。展望 ETS 第三阶段,欧盟提出了"3 个 20%"的减排目标(即到 2020 年减少二氧化碳排放 20%,减少能源使用 20%,可再生能源使用占能源使用总量的 20%),将有力助推欧盟 ETS 市场的发展壮大。

总之,在评价 EU ETS 实践成效时,既要意识到欧盟起初对上限交易机制经验和相关排放数据知识的缺乏,使得 ETS 在运作过程中出现一些不足的问题,如配额分配的公平性,配额价格的暴跌等;导致 EU ETS 遭到了来自多方面的批评,特别是对该机制第一阶段的批评。但同时更应该肯定 EU ETS——作为温室气体排放交易机制的先驱者,为应对气候变化和温室气体减排

所做的贡献,以及欧盟对 ETS 的完善所做的努力。正是 EU ETS 运作,增强了欧盟各国和相关企业节能减排的意识和意愿,促进了投资者对低碳技术和低碳产业的投资,推动了欧盟和全球碳排放市场的繁荣和碳金融业的发展,为各国建立和发展温室气体排放交易机制积累了可借鉴的丰富经验。

第九章 建立我国碳排放权交易机制的路径抉择和政策建议

面对着全球碳排放交易市场的蓬勃发展，碳排放权交易规则和碳市场价格主导权的争夺，以及发达国家要求我国承担减排义务的压力，国内节能减排、产业结构调整和经济发展方式转变的需要，我国碳排放权交易机制的建立正处于一个机遇与挑战并存的关键时刻。国家发改委办公厅 2011 年发布《关于开展碳排放权交易试点工作的通知》，正式批准上海、北京、天津、广东、深圳、重庆、湖北等七个省市开展碳交易试点工作。为展现了全球气候治理大国的巨大决心与责任担当，也为加强化国际合作的决心，我国政府于 2016 年 4 月 22 日签署《巴黎协定》，承诺将积极做好国内的温室气体减排工作。对处于发展阶段的中国来说，我国建立碳排放权交易机制一方面需要借鉴发达国家的经验，另一方面又必须结合我国的基本国情，开拓出一条符合自身利益和发展原则的中国路径。

第一节 建立我国碳排放权交易机制的原则

一、发展权优先的原则

对于我国这样的发展中国家，发展是第一诉求。我国正处于快速发展的时期，能源消费量长期呈递增趋势，温室气体排放量也随之快速增加。对中国来说温室气体排放权是一项基本的发展权,是我国生存与发展的基本需求。实施温室气体减排约束会对我国在国际分工中的成本优势、我国能源消费与能源结构产生巨大的影响;如果约束力度过大,可能会对我国社会经济发展总体产生负面的影响。因此,在建立温室气体排放权交易机制时要充分考虑个人、企业和国家的基本发展需要,对温室气体排放权实施约束不能以牺牲或损坏个人、企业和国家的发展为代价。我国排放权交易市场机制中的温室气体总量控制的宽严度、排放权的分配机制、处罚机制都要以发展权优先的原则为指导。

二、高效性原则

从欧盟的经验例子中可以看出,排放权交易机制的市场效用和成本效用是市场参与经济主体和研究学者关注的一个重要问题,是评价碳排放权交易体系成功实施的重要指标之一。高效性要从以下几个方面进行努力。

1. 交易机制和规则简单明了,便于操作和实施推广,能为交易的参与者节省时间和成本,能够降低企业实施排放权交易机制的相关成本费用。

2. 交易机制要完善,信息提供要丰富和及时,能够减少市场参与者因市场机制和市场信息的原因导致的收益损失。欧盟碳排放交易市场在运行之初配额价格波动幅度很大的原因就在于市场信息的不充分。

3. 要减少行政干预,发挥市场机制的作用,实现排放权交易的市场配置效率,主要是通过排放权的二级交易市场得以体现的。当前我国的污染物排放权交易主要都是政府主导的"拉郎配",市场的资源配置作用并没有得充分发挥。因此,我国应该在保障市场正常运行的前提下,完善相关法律和市场机制建设,逐步减少政府对市场的干预,而政府的作用应该集中在监督、管理和引导上,引导各级市场向规范有序的方向发展,最终保障碳减排资源在市场中得到高效合理的配置。

三、渐进性原则

碳排放权交易机制对各国在环境治理问题上的运用都是一个较新的市场手段,即使是发达国家也是在"干中学"这样的一个完善过程中。虽然我国在二氧化硫等污染物排放权交易上有了一些基础,积累了一些经验,但在基础设施和各项机制的完善上还需要很多努力。并且从欧盟经验中可以看出,碳排放权交易机制的建立与完善是一个复杂,充满矛盾的过程,对我国这样一个市场机制还不够完善的国家,不可能短期内就把碳排放权交易机制和交易市场建立起来,因此在阶段目标定位和基础制度支持上,需从局部区域行业试点入手,进行统筹规划、有序引导、逐步推广。

四、公平性原则

公平性是《京都议定书》下的交易机制和发达国家碳排放权交易机制设计时考虑的一个重要问题,也是市场机制发挥效率的重要保障。机制设计者要综合权衡考虑交易机制对各市场参与主体竞争公平性的影响,要科学设计排放许可配额的分配方法,使一些参与主体因其超减排而获得收益,使一些参与主体因其超排放温室气体而承担责任,从而保证总量控制目标要求。公平性的基础是准确计量和核证排放源的排放量和实施严格的惩罚机制。因此排放权交易机制要有完善的核证、监督、审核和惩罚配套机制,并通过培育第三方专业核证机构,对分配与交易全过程进行监督审核,保证参与主体碳排放量和减排量相关数据资料的正确性;并有必要通过完善相关法规建设,保障排放权分配与交易过程的合法性和公平性。

五、长效性原则

从欧盟的经验和我国污染物排放权交易的教训来看,连续性和长效性是排放权交易机制有效实施的重要保证。因为只有控制目标的长期性、可预测性和连贯性，才能为参与主体的投资和交易计划提供长期的决策依据，刺激参与主体根据排放权交易价格和长期的控制目标，开发更高效的减排治理技术和治理设备，从而降低整个社会节能减排的成本，推动产业结构调整和升级。

第二节　建立我国碳排放权交易市场的路径抉择

一、先建立自愿碳减排交易市场再实行强制性碳减排交易

（一）原因

我国正处在工业化和城市化发展阶段，以及碳排放不受《京都议定书》的强制约束是我国选择先建立自愿性排放权交易市场的基本原因。

1. 随着我国城市化和工业化的发展，碳排放仍将进一步增多，国际和国内减排压力会进一步增大，我国需要探索包括碳排放权交易在内的市场经济手段来推动节能减排事业目标的完成。但如果我国在当前工业化过程的经济条件下选择建立强制性减排交易市场，很可能会对我国经济造成很大的负面影响。

2. 从国外经验来看，没有强制减排目标不等于无法建立碳排放权交易市场。如美国、澳大利亚等国家[①]，在没有强制减排目标的情况下，出于利用排放权交易市场机制来解决国内温室气体排放问题的需要，建立起了自愿性的排放权交易市场。

---

① 美国是由于退出《京都议定书》而没有强制减排义务；澳大利亚是因为《京都议定书》规定其到 2020 年温室气体排放可以比 1990 年基准水平上还可多排放 8％而没有强制减排义务。

3. 自愿减排交易的灵活性很适合我国这样碳交易市场基础薄弱的发展中国家所选用。目前国际已经有比较成熟的被不同机构认可的多种标准，根据买家要求，购买适用于不同标准的自愿减排量（VER），经过具有独立核证实体（DOE）资格的第三方认证，或者无须认证，只要买家认可即可完成交易。可见，自愿碳减排交易市场有很大的灵活性，这是中国发展自愿性减排市场的有利条件。

（二）动力

培养碳排放权交易机制和交易市场的能力建设是我国选择建立自愿性排放权交易市场的重要动力。

1. 随着全球碳排放权交易市场规模的不断发展，碳金融和相关的碳交易规则已影响到未来低碳经济发展的主导权和控制权，中国需要借助国内发展碳排放权交易市场的建设经验，积极参与国际碳交易和碳金融的规则制定。目前碳交易和碳金融体系对各国来讲都是新兴的市场机制体系，中国与发达国家之间差距并不大，不能等着国际社会要求我国强制减排后，再着手准备建立碳排放权交易机制，那时我国只能被动地遵守发达国家所制定好的国际碳排放权交易机制和准则，就如同我国长期在国际贸易和国际金融体系中所处的较被动地遵守国际规则的地位一样。

2. 中国要通过实践不断积累碳交易的经验，不能等设计出非常完善的制度以后才进行碳交易，而是要从交易过程中总结经验，逐步完善制度。对于中国的发展目标来说，自愿排放权交易市场（VER）并不是最终发展方向，但至少可以通过自愿性碳排放权交易的练兵方式，来提升我国碳交易市场能力建设，完善我国在碳排放权交易方面的相关基础设施建设，摸索我国碳排放权的定价机制，培养企业碳减排意识和碳资产意识，培育起我国碳交易市场的基本需求和供给主体，循序渐进地为碳市场发展积累经验。目前许多国家地区也是通过自愿排放权交易市场建设来增强碳交易的基础能力建设。如台湾地区从 2003 年开始通过自愿性碳排放交易来推动所有产业的碳排放盘查和核算、摸清家底,建立碳排放的基础数据系统。因此我国可以先尝试在选定的省/地区(如天津市、长三角或珠江三角地区)进行自愿减排交易试点。在试点中,由监管部门根据这类自愿承诺定量减排任务的企业的排放水平和区域减排标准,给自愿强制减排企业设定一定的排放额度;如果超额排放,则需购买相应的排放额度或以本地抵消项目的核证减排额(VERs)来进行抵消。同时通过以本地项目的核证减排额来进行抵消,不仅有利于活跃市场交易,也有利于促进当地减排项目的发展,提高当地的环境效益。

(三) 自愿性碳排放权交易在我国已有一定的基础

相对强制性碳排放权交易市场,我国在自愿性碳排放权交易市场建设上已经有一定的政策和实践基础。在政策层方面,从2009 年开始,国家发改委一直在牵头研究制定《中国温室气体自愿减排交易活动管理办法(暂行)》。在实践方面,一些国内的交易所针对自愿减排(VER)的探索也已经有所展开。如北京环境交易所推出了中国首个自愿减排碳标准——熊猫标准。熊猫标准专注于中国农林行业减排增汇,鼓励通过开发贫困地区、边远地区的农林碳项目保护生态环境并消除贫困。目前已在相关架构搭建、文本优化、试点项目储备等方面做了大量工作,2011 年熊猫标准试点项目将正式开展,将会产生基于熊猫标准的碳信用额度。同时,北京环交所联手美国相关交易机构推出中国的新能源与自愿性碳交易(VER)指数,进而为中国 VER 定价。2009 年8 月,北京环交所还做成了"国内自愿碳减排第一单"——天平汽车保险股份有限公司,购买了北京奥运期间绿色出行产生的8 026万 t 碳减排指标。该项交易折合吨价为 33 元,总交易金额为 30 万元左右,捐赠给了当地的社会福利组织。同时天津、上海的交易所已经开始试运行自愿减排服务平台。上海环交所也制定了一个自愿碳减排标准,并将这一标准首次运用于世博场馆的核查。

（四）有利于碳排放交易从服务于碳强度下降目标转向碳排放绝对量下降目标打下基础

由于我国政府在 2016 年签署《巴黎协定》时,承诺 2030 年我国碳排放达到峰值以后逐渐下降,那时我国碳排放绝对量将进入较为快速下降的发展阶段。我国碳排放交易市场的作用从服务于碳强度下降目标转而服务于碳排放绝对量下降目标。在这一背景下,碳配额的稀缺程度需要进一步提高,碳市场价格需要进一步升高,初始配额的有偿分配比例需要进一步提高,碳金融产品种类、碳市场交易规模等需要进一步增强,国际合作的深度与广度需要进一步加大。

二、先建立重点行业性碳交易市场再建立全国性市场

（一）选择先建立重点耗能型行业碳排放权交易市场是基于渐进性原则

纵观国际碳排放权交易市场的发展经验,考虑到碳排放权交易机制的复杂性,碳排放总量控制一般会先以一定区域或行业为范围,成熟以后再逐步扩展。例如,《京都议定书》先对发达国家和经济转型国家规定定量减排目标;EU ETS 也是先覆盖主要的几个耗能型行业;美国的芝加哥气候交易所(CCX)下的排放交易市场则是先以一个地区为覆盖范围。

因此,建立碳排放权交易市场是一个渐进的过程,碳排放控制范围也是逐步扩大展开的。对于市场机制不很成熟的发展中国家来说,我国碳排放交易市场更需先从一个区域或一个行业开始做试点。目前国内比较认同的做法是,为了同国家节能减排按行政区域划分相兼容,提出了按行政区域和按行业"双轨制"作试点。如国家发改委 CDM 中心主任杨宏伟和人民大学的邹骥认

为,可以参照"十一五"期间国家节能减排的做法,根据实际情况,对碳指标分别进行行政区域和行业的分解。先将碳指标分配到省份,在省内某些行业中细化这个指标。以省份为单位划分的好处是,省级行政部门可以结合行政手段,更加有效率地来达成这个目标分解;此外,减排指标在省内行业划分,也不会使资源流到外省,因此阻力较小。但如果单纯按照行政区域来分解减排指标,就意味着碳市场被地域分割了,这就为将来发展统一开放的碳市场造成先天障碍。如上海的指标很难卖给江苏,交易所也只能做本地交易。而像电力集团、石化集团等集中排放大户,这些行业本身和行政区域关系实际上也不是特别密切,所以可以通过区域行业来分解指标。这些行业可以剥离出来,按区域对各分厂公司进行分解。像哈尔滨电厂就可以和南方电网来做交易,这样交易市场需求会很多。实际上,这种做法相当于仿效欧盟,先在各成员国之间进行分配,再由一些特定几个耗能型行业试点碳减排指标的分配,使得企业之间产生自由交易的可能性。因此按"双轨制"先在重点耗能型行为做试点是我国发展碳市场一个可行的解决方法。

（二）在行业选择上,电力行业被普遍认为是中国碳交易市场试点的最好突破口

从发达国家经验来看,电力行业是各工业行业中排放量最大的部门,因此欧盟和美国的排放权交易市场都把电力行业作为主要控制行业。如 EU ETS 覆盖的主要排放设施中电力行业占了59%;美国东北十个州开展的区域减排体系(RGGI)只覆盖一个行业,就是电力行业。《2010 年美国能源法案》也要求初期仅在电力部门实施排放总量控制与排放权交易机制。我国电力行业也具有先在其试行碳排放权交易的优势。(1)电力行业在我国属于垄断行业,具有详细的分公司和分厂,有较明确的排放源;交易在集团内部进行,并没有改变集团的"利益格局",因此较容易操作。(2)我国电力部门的二氧化碳排放占到全国二氧化碳排

放量的 30% 左右,控制电力行业碳减排的意义显著。(3)电力行业的能源消耗统计数据较翔实,电力行业的计量体系也足够完善,便于计量和核证,相对容易解决碳交易中的监测、核查问题。(4)电力行业的碳减排技术和减排成本存在差异。如热电联产、老机组综合改造、亚临界燃煤发电、超临界燃煤发电、可再生能源发电等,减排成本具有差异性,具备以市场手段配置减排资源的基础。因此,我国可以先选择电力行业作为试点,制订年度排放总量控制计划,实施排放许可交易制度,以期在减缓全国二氧化碳排放上做出贡献,并积累运用碳排放交易机制市场手段控制减排的经验。[①] 待各项机制和基础设施完善后,再逐步推广到其他耗能型行业。

预计从 2020 年开始十年左右的时间,全国碳排放交易市场将逐步完善发展成熟。我国提出在 2030 年左右达到碳排放峰值,碳排放交易市场扩大覆盖行业、逐步成熟运行对于我国实现该目标具有重要意义。因此,在初期发电行业碳排放交易市场稳定运行的前提下,再逐步扩大市场覆盖范围,包括逐步引入石化、化工、钢铁、建材、有色、航空、造纸等重点行业,以及丰富碳排放交易品种和交易方式。同时探索开展引入碳排放初始配额有偿拍卖、碳金融产品,以及碳排放交易国际合作等工作。

三、先碳排放权现货交易市场再碳期货交易市场

发展碳排放权交易产品所需的基础和条件不尽相同,其产品结构应遵循由基础现货到衍生创新、由简单到复杂的原则,逐步开发出更多的碳交易产品,以活跃市场,为市场提供更多的风险管理和套利工具。温室气体排放额的现货交易是指交易双方为完成排放额的交换与流通而进行的交易。由于排放权存在价格变动风险,交易主体可以通过金融衍生工具,利用现货市场与期

---

① 高翔,牛晨.国际上落实温室气体排放控制目标的启示[J].国际经济评论,2010(4):125-134.

货市场的反向操作进行盈亏相抵,来规避价格波动的风险。从目前的国际碳排放权交易市场来看,已形成了碳信用或碳排放权及与之相关的远期、期权、期货等交易产品。碳期货、期权交易是建立在排放权的标准化合约之上的,如欧洲气候交易所(ECX)的排放配额期货(EUA Futures)的合同特征里就包含了产品上市价、合同类别、价格变化标准、交割价格、上市方式和清算机构等项目。在国际碳交易市场,许多投资银行、经纪人活跃于期货市场,在实现规避价格风险、套期保值的同时,也创造了投资、赢利的机会,提高了市场流动性,促进了排放权现货市场的发展。

由于我国在市场完备性、风险管理和资源配置的有效性上都与国际成熟市场有较大差距,因此我国应首先发展碳排放权现货交易市场。随着市场交易的不断成熟,以及我国在金融、股指、大宗商品期货市场已经积累了一定的发展经验之后,可以考虑选择在一些地区,如天津排放权交易所,借鉴欧盟和美国等发达国家的成功经验,满足市场参与者套期保值的需要,开发出系列碳排放权金融衍生产品,包括远期、期权、期货和互换等交易产品,探索碳产品定价规则,为我国今后在国际碳交易市场上掌握主动权积累经验。

第三节 我国碳排放权交易机制体系的建立

建立碳排放权交易市场离不开完善的碳排放权交易机制体系。在自愿性和行业性碳排放权交易市场建设过程中,我国要逐步探索建立出符合中国国情的,以总量控制为基础的碳排放交易市场机制体系。

一、排放总量控制

要实行大气容量资源的有偿使用和建立温室气体排放权交易机制,首要任务就是要确定允许温室气体排放的总量控制目标,然后根据这个总量控制目标按一定规则分成若干配额,分配到有排放源的企业中去。

在我国没有强制减排义务情况下,应以碳强度为标的作为总量控制目标。

构建碳排放权交易体系必须以实现排放总量控制为前提,因为只有控制了碳排放空间总量的使用上限,才能使碳排放权具有稀缺性,碳排放权才可以作为商品在市场上进行交易。但由于《京都议定书》没有规定我国约束性的温室气体减排义务和减排量,我国不需承诺具体的减排指标,从我国历史责任、工业化发展阶段和发展空间考虑,我国自身也不会明确绝对的温室气体减排量。在共同但有区别责任下,我国在共同减缓温室气体排放责任下提出了我国降低碳排放强度的目标,即 2020 年比 2005 年单位GDP 碳排放强度下降 40%~45% 的目标。因此我国可以将"下降 40%~45% 碳强度"这个相对排放量控制目标,作为我国排放权交易市场过渡时期的碳排放控制目标使用。但要解决好相对的"碳强度"与绝对的"总量控制"指标的有效对接。

具体操作方法是:"碳强度"具体计算公式为碳排放量除以GDP 总量。根据 2020 年单位 GDP 二氧化碳排放强度(碳排放量/GDP)下降目标,确定之前各年度单位 GDP 二氧化碳排放强度(碳排放量/GDP)下降具体目标。根据对下一年 GDP 增长预期和设定的下一年度单位 GDP 二氧化碳排放强度下降目标计算碳排放量控制目标,即碳排放量控制目标=碳排放强度下降目标×GDP 增长预期目标,通过计算碳排放量确定下一年二氧化碳排量控制目标。下一年二氧化碳排放总量控制目标和当年排放总量之差,为下一年的二氧化碳允许排放增量;将排放总量或增量作为指令性指标纳入年度计划。需要说明的是,由于 GDP年度增长预期与实际情况可能存在一定差异,导致增量计划可能出现超额或不足的部分,可以在来年的计划安排中统筹考虑。

我国已初步完成了碳强度的标准框架。受联合国南南合作特设局的委托,上海环境能源交易所已经启动了碳强度标准的研究。据上海环境能源交易所相关人士表示,已初步完成的碳强度标准框架中,"碳强度标准"参考了国际标准组织的原则和方法,主要包括核算碳排放量的方法学、碳排放与削减的核算、碳排放强度的认证及建立碳排放强度数据库四个部分。此外,中国"碳强度标准研究"试点也开始在上海市虹口区启动,希望通过试点,提出一个更加完善、科学、实用、精确的"碳强度标准"。

二、初始排放权的分配机制

初始排放权的分配,即排放控制总量在排放源企业的第一次分配。初始排放权分配机制是整个碳排放权交易机制运行的核心,排放权是一种财产使用权,分配排放权就意味着分配财产利益,排放权的分配合理性关系到排放权交易机制实施的公平性和运行的有效性。

由欧盟的经验可知,初始排放权分配是一种以政府为主导的行政许可分配方式。分配方式主要有两种:有偿公开拍卖和无偿分配。对政府而言,公开拍卖的管理和交易成本都较低,但对企业而言,他们不仅要承受拍卖的价格,而且还要承受有关信息的交易成本及对生产影响的风险。如果采用拍卖方式进行排放权的初始分配,那么排放权交易机制的推行所受到的阻力会比较大,因此在实践中很少在排放权交易市场初期采用完全的拍卖分配方式。欧盟排放权交易机制第一阶段试验期(2005—2007年)规定各国可以将不超过5%的排放许可配额通过拍卖方式进行。但在欧盟各成员国第一阶段的国家分配计划公布后,只有丹麦、匈牙利、立陶宛和爱尔兰四个成员国采用了拍卖的方式,并且这四个国家采用拍卖的方式分配的许可配额占全部分配的许可配额比例分别只有5%、2.5%、1.5%和0.75%。也就是说对整个欧盟排放交易机制而言,在平均每年分配的22亿排放许可配额(EUA)中,仅有300万EUA(约占0.13%)是通过拍卖分配的。

可见排放许可分配作为一种高度政治性与争议性的利益分配,在欧盟这样发达的经济体中各成员国都慎用拍卖方式进行排放权分配。在我国建立碳排放权交易市场初期,为了避免一开始就对初始排放权分配产生太大冲击,减少某些利益集团的阻碍,尽快促成排放权交易机制实施和交易市场的建成,可以向欧盟那样主要采取"祖父条款"(Grandfather Clause)[①]原则,采纳无偿分配为主的方式来分配排放许可,即只要是现有的排放者,皆可免费分到排放许可。由于排放权是免费分配,对参与排放实体来说,如因超标减排产生剩余的排放许可配额则可以出售获利,这样也可以吸引更多企业参加,扩大排放权交易的市场规模。

但考虑到无偿分配模式在公平性、减排激励、分配成本上的先天劣势,同时采取无偿分配模式会使企业有"现在减排多,以后分配到的碳排放权就少"的顾虑,我国在分配模式上必然需要向有偿分配的方式转变。因此在采取无偿分配模式初步建立起交易市场后,可以学习欧盟经验,采取渐进方法对初始排放权分配进行变革。首先,在交易市场发展到一定阶段后,可采取无偿分配与有偿分配相结合的方式,由政府通过宏观调控适时地调整有偿分配的比例。这样渐进过渡配额分配方法可以顾及排放者心理跨越度的问题。对于排放者来说,由免费获取排放许可一下子跨越到需要花费较高的成本才能获取排放许可,会使其产生一种极端的抗拒心理,这样易导致政策难以推行,因此可以通过无偿分配和有偿分配的比例调整的方式作为过渡。其次,也可以采取渐进式、分行业的转变办法,选择特定的碳排放量大的行业,比如电力、钢铁、煤炭、冶金等,优先逐年降低无偿分配比例,增加有偿购买的比例,并把拍卖所得建立碳基金,以一定比例补贴的模式支持低碳环保技术和产业的发展。最后,再经过一定阶段的发展,形成以拍卖为主的分配模式,建立起公平、高效的市场化碳排

---

① "祖父条款"是指政府相关管理机构依据企业的历史排放数据来对排放主体进行配额的无偿分配。

放权分配制度。[①]

三、排放许可机制

排放许可是在满足环境容量的前提下,以排放许可证或者其他形式设定的排放权,并且这种权利像商品一样进行买卖。排放许可是排放实体申请的排放行为得到行政主管部门认可的凭证,并有相关法律法规确认其相关权利,是政府规范排放权交易,控制温室气体排放的有力工具。一般需要经过三个步骤:第一,通过建立相关法律设定排放权(以排放许可证形式);第二,由排放实体依法提出申请,由主管部门依法审核其是否符合法定资质、条件和程序;第三,由主管部门依一定程序做出审核决定签发排放许可证,并负责对排放许可的使用进行监管。因此排放许可包含了申请排放许可证、核证、签发排放许可证三个步骤。

借鉴欧盟经验,我国建立碳排放权许可证的程序如下。

1. 首先必须建立类似于《欧盟温室气体排放交易指令》这样一种温室气体排放许可机制法律,该法律指令中要规定从事温室气全排放的经济实体必须拥有主管机关颁发的排放许可证;即每一个被排放交易指令纳入的排放装置设施,必须向其所属的有关主管机构申请其排放温室气体的许可证。

2. 确定排放许可证申请内容。排放实体要获得排放许可证,必须向主管机关提交温室气体排放许可证的申请书,该申请书一般包括以下内容:(1) 排放源、排放装置及其活动,包括其使用的技术;(2) 可能会导致温室气体排放的原材料和辅助材料的使用;(3) 计划采取的指导方针、监控和报告的措施等。

3. 确定排放许可证颁发的前提条件,要制定出温室气体排放的监控和报告的标准,只有排放主体在提交的温室气体监控和报

---

① 于杨曜,潘高翔.中国开展碳交易亟须解决的基本问题[J].东方法学,2009(6):79-86.

告方面能够达到主管部门满意的标准，主管部门才可以向其颁发温室气体排放许可证。

4.制定出详细明确的排放许可证内容。排放许可证的内容应包括：（1）排放装置和活动的描述；（2）监测要求，详细说明监测方法；（3）报告要求。

四、排放和交易登记机制

国家登记制度和登记系统的建立，对于界定和保护减排指标并促进减排交易，具有基础性的作用。首先要建立一个国家登记系统，参与交易方都应在环保部门指定的系统内建立一个账户，所有排放数据和交易活动都要通过账户进行登记。通过标准化的数据库对企业的排放数据和排放许可配额的签发、持有、转让、获取、注销和回收的数据进行录入统计。登记系统往往在排放权交易机制实施之前就已经做好相关的数据录入和准备工作，如欧盟 1999 年就开始依据国家和不同领域的碳排放清单进行评估，对碳排放实施监测数据进行登记。美国在准备建立强制性的温室气体排放权交易机制时，从 2008 年起美国环保局开始筹建国家强制性的温室气体登记报告制度。考虑到将来要与国际碳交易市场链接，国家登记簿的结构和数据格式都应该符合《联合国气候变化框架公约》缔约方大会制定的技术标准设计，以保证国家的登记系统能与《京都议定书》下的 CDM 登记系统和各国的碳排放权交易机制登记交易系统能进行准确、透明和有效的数据交换。

五、监控与核证机制

由于温室气体排放权不同于一般的商品，是一种无形的商品，减排数据是由排放实体提供的，为了防止温室气体减排过程中出现提供虚假排放数据的问题，造成减排责任的不公平，因此需要设立独立于排放主体和管理部门之外的独立第三方，由第三方对减排数据进行核查和监测验证，以确保排放数据的准确性。

监控与核证机制就是为了确认参与排放权交易的排放主体的温室气体减排量是否真实而确立的一种核查、认证制度。如果没有经过专门指定的机构根据法定核查和认证程序对温室气体减排量进行专门的测量和审计，减排量数据就不可能取得公信力，就很难在国内和国际温室气体排放权交易市场上转让其减排量以获得收益。

1. 要建立起核证机制就必须先要培育好专业化的核证主体的机构和专业的技术人才，要设立核证人能力资质要求标准。这些核证主体机构必须掌握技术层面的相关业务，如确定基准线、排放监测等专门技术；掌握核算减排量的相关方法学。

2. 根据《欧盟温室气体排放交易指令》第十四条监控和报告排放的指导方针，第十五条的核证，附件四中的监控及报告原则，附件五中的核证标准。① 表明监测、报告和核证制度是紧密结合在一起的，因此建立监控核证机制要做好相关配套机制的建设。

3. 为了有利于监控碳排放量及保证核证数据的准确性，必须建立起我国碳排放核算标准体系和统一排放量的计算公式。如欧盟的排放量计算公式为：活动数据×排放系数×氧化系数。活动数据包括使用燃料、生产率等。排放系数应使用可接受的燃料排放系数；氧化系数是如果排放系统没有考虑到一些碳不被氧化的事实，那么应使用额外的氧化系数。

4. 核证报告要与配额的转让交易机制挂钩，确保排放主体进行核证的必要性。如《欧盟温室气体排放交易指令》第十五条明确规定：如果经营者在每年的 3 月 31 日之前没有按照附件五的规定进行核证，该经营者便不能再转让其配额，直到其报告核证后令主管机构满意。

---

① EU.DIRECTIVE 2003/87/EC OF THE EUROPEAN PARLIAMENT AND OF THE COUNCIL of 13 October 2003 establishing a scheme for greenhouse gas emission allowance trading within the Community and amending Council Directive 96/61/EC，Official Journal of the European Union[R].2003(10).

第四节　相关保障体系建设

一、创新财政金融政策

（一）创新金融政策

碳排放权交易的实质上是一种金融活动。随着碳交易市场的逐步扩大，碳排放权的"金融属性"日益凸显，就越是需要金融政策和金融机构的支持。在碳交易市场的基础上，欧盟已经建立起了包括碳基金、碳期权、碳保险、碳证券等一系列创新金融工具为组合要素的碳金融体系。为准备建立碳排放权交易机制和交易市场，国内金融机构应加快低碳金融和绿色金融的创新力度。

在信贷方面，要推动银行业的碳金融服务和绿色信贷业务的创新。例如，开办专项治理节能减排技术改造和设备升级换代的项目贷款业务；可允许企业将排放权许可额度作为抵押物，来为环保企业进行融资；开办排放权交易购买方专项贷款，积极推动保理融资工具在节能减排项目融资中的应用。鼓励金融机构为排放权交易提供账户便利、研发支持和中介服务。在发展直接融资方面，应设立各类以投资碳减排项目发展和碳交易为主的碳基金；支持符合条件的环保企业或项目发行企业债、公司债、短期融资券、中期票据、资产支持票据等债务融资工具筹集发展资金。采取多种优惠措施，鼓励私募基金、风险投资、社会捐赠资金和国际援助资金加大对环境保护和节约资源的资金投入。

（二）创新财税政策

财税政策在引导社会资金流向，调节社会有效需求，推广新技术、新工艺等方面都具备其特殊的作用。要调整财政支出结构，加大对节能减排项目、低碳产业、低碳技术的投入力度，促进碳交易机制的实施和碳交易市场的发展。在财政投资性支出和补贴方面可针对当前我国低碳产业发展的薄弱环节或节能减排特大项目,按照可行性的原则,增加对产业链薄弱环节的投资,如加大清洁能源、节能环保等领域相关基础性和关键性技术的研发力度。增加转移支付帮助欠发达地区发展低碳环保产业。在税收上,必须强化税收政策对企业和社会大众对节能减排的激励和损失浪费的约束作用,提升企业的碳资产和碳价值意识,增强企业和社会大众对碳减排的自愿性,增加碳交易市场的需求。

二、完善相关法律政策

碳排放权交易机制作为环保政策改革的重要尝试,必须加强排放权交易机制的法制能力建设,为排放权交易机制的推行提供强有力的法律保障,使排放权交易机制实施的整个过程可以有法可依、有章可循。虽然中国政府核准了《京都议定书》,签署了《巴黎协定》并发布了《中国应对气候变化国家方案》,全面阐述了2030年前我国应对气候变化对策,以及颁布了《环境保护法》《大气污染防治法》等法律。但政策法律体系上还是不够完善。如我国目前还没有明确排放权有偿取得和碳排放权交易的法律地位,需要通过制定相关法律,一方面要给予碳排放权以明确而边界清楚的法学定义,确立碳排放许可的法律地位。另一方面加大对违法者的惩罚力度,惩罚额度要大于企业进行碳排放交易的成本,避免出现排放者宁愿罚款也不愿意进入碳排放交易市场的行为。要抓紧制定有关排放总量控制、排放权偿取得实施管理办法、排放交易监管办法、排放交易管理办法等法律法规。进一步明确排放权交易中政府、企业及第三方中介主体等分配主体和交易主体的责权利和违法责任等。规范排放交易机制的一级市场和二级市场,提高排放交易市场运行的稳定性,确保排放交易有序进行。

三、夯实统计与监测基础工作

时任国际排放贸易协会总裁兼首席执行官亨利·德温特在

2010年天津气候谈判别峰会上对中国碳交易市场的专家建言：即使气候谈判不成功，碳交易市场仍将继续发展；中国未来建立碳交易市场，首先要夯实数据统计等方面的基础工作。他认为中国建立碳市场首先需要碳排放和碳强度方面的数据，数据要可靠，具有可比较性，这样碳交易市场才可能尽量做到公平。

目前我国建立碳排放权交易机制最大的基础工作就是在碳排放数据的采集和统计处理方面。和发达国家相比，我国的碳排放采集的工具和技术方法缺乏，各种数据管理体系还不成熟。因此当务之急是我国要先建立起碳排放统计相关监测技术和监测体系。首先，需制订符合我国国情的碳排放核算标准体系，要不断学习发达国家在碳排放数据统计和处理方面的经验，培育和发展适合中国国情的统计和监测工具和技术方法。第二，要结合我国统计部门已有的各耗能行业生产能耗量的统计数据，制订对各省市或各行业能耗强度和碳强度指标盘查、核对工作计划。第三，可结合"十三五"节能减排规划目标，对能源消费流程中各环节的数量、质量、性能参数、相关的特征参数进行更加科学的检测、度量和计算，进而做好能源原始记录与统计台账，实时开展统计汇总和统计分析，确保节能减碳目标制定的科学性、严肃性。第四，政府应当督促企业配合相关统计机构进行碳排放数据的统计、处理、公众知情等工作。企业自身也应当主动提高自身的统计和监测能力，积极加入在线监测网络，协助完善区域乃至全国在线监测网络。最后，达到按照哥本哈根会议谈判要求，使能耗强度与碳强度数据"可衡量、可报告、可核实"，既建立一个具有公信度的碳排放数据的平台，为碳排放权交易机制的实施建立良好的数据基础；也起到消除一些国家对我国能源和碳排放数据的质疑的作用。

四、培育和扩大市场供需主体

我国污染物排放权交易市场一直活跃不起来的主要原因就

是市场规模太小,供给和需求都不足,从而导致排放配额缺乏流动性,使市场失去了资源配置的功能。因此可以借鉴欧盟经验培育和发展供给和需求的主体,增加市场的供给和需求量是促进我国碳排放权交易机制正常发挥资源配置功能的重要保障。

从欧盟排放权交易市场来看,排放权交易的供给方主要有:(1)减排量超标的企业;(2)退出性(倒闭)企业没使用完的配额;(3)来自经核证的减排项目的减排额度;(4)利用借用机制所产生的供给配额;(5)投机性卖空者产生的供给,投机性供给是利用碳交易金融衍生工具产生的供给,不是配额的实际增加。

排放权交易的需求方主要有:(1)排放量超标的企业;(2)基于社会责任或品牌形象自愿购买抵消额度的企业;(3)新加入企业、企业新增项目和改建项目;(4)利用储备机制所产生的需求配额;(5)投机性买入者,投机性需求是利用衍生工具产生的需求,不是需求的实际增加。

扩大供给和需求的主要政策措施有:(1)择机逐步扩大覆盖区域,如 EU ETS 从当初的 15 国扩大到 27 国;(2)择机逐步扩大覆盖行业,如 EU ETS 起从耗能型的工业行业(电力、炼油、玻璃、造纸、有色金属加工等行业)逐步扩大覆盖到交通、航空等行业。我国要根据各行业的发展情况,逐步把耗能比较大的行业纳入碳排放交易机制体系中来,扩大排放交易机制体系覆盖范围;(3)扩大排放强度——欧盟排放上限从试验期较宽松的排放上限逐步变成较严格的排放上限;第一阶段欧盟委员会为 27 个成员国每年发放 22.98 亿欧盟排放许可权(EUAs)(1EUA=1t 二氧化碳),第二阶段是 2008—2012 年,与京都议定书的初始运行阶段重合。第二阶段比第一阶段配额有所削减,欧盟 27 国的排放上限是每年 20.98 亿 EUAs,NAPs 比成员国最初申报的额度减少了 10.4%。[1] 可以预计随着我国碳排放量不断上升和国际

---

[1] World Bank. State and Trends of the Carbon Market 2008[R/OB].[2008-05-08].http://www.worldbank.org.

压力的不断增大,我国排放权交易机制的设置的排放约束也会不断加强,企业对市场的排放权需求也会不断增多。(4)监控和处罚力度不断加强,如欧盟对超额排放的处罚标准从 40 欧元/t 上升到第二阶段 100 欧元/t。(5)设计许可储备和借贷机制,可以把过去和将来的配额调节到当前阶段来使用,以平滑市场价格因供需不平衡导致的大幅波动。(6)链接机制和全球化机制,欧盟 ETS 机制可以同《京都议定书》下的三种机制相链接,这样就使得欧盟投资者可以利用京都市场中的项目减排配额作为欧盟 ETS 市场的抵消量,从而极大增加了欧盟排放交易市场的供给量,也增加了京都市场的需求量;我国的碳排放交易机制发展到一定程度后,也要逐步与国际交易市场接轨,扩大供需范围。(7)交易市场和交易品种的衍生化。排放权交易市场在发展到一程度后,要推出碳期货、碳期权、碳指标交易和碳掉期交易等衍生产品,这些衍生化的交易不会直接增加配额的供给和需求,但这些金融化的支持会促进节能减排产业的发展,从而导致减排量项目的增多,活跃排放权交易市场的发展。

五、注重国际合作与人才培养

人才短缺是国际碳排放放交易市场建设中目前经常面临的问题。总部设在美国加州的非营利机构温室气体管理学院(Greenhouse Gas Management Institute)发起一项全球范围内的调查显示,正在迅速发展的温室气体排放管理行业面临着技术专家短缺的威胁。84%受访者认为目前缺乏有资质的温室气体专家;而 87%的人认为,随着各国排放交易体系的出台和国际温室气体排放交易市场的不断扩大,此类人才的短缺状况将会继续。温室气体管理学院院长麦克尔·吉伦成瓦特(Michael Gillenwater)说:"有专业人才来支持排放交易是关键的。我们的调查表明,碳市场存在着巨大的风险。安然和房贷市场的丑闻让我们明白,政策并非完全可被信任。为了避免这些,我们需要懂技术和有职业道德的专业人员来管理温室气体排放。"

碳排放权交易机制的建立对我国来说是一个新鲜事物,这其中更需要加强对相关专业和技术人才的培养。而排放权交易机制在欧美发达国家已有相对成熟的经验和众多专业机构和人才。我国碳交易专业人才培养既要注重通过国内交易市场建设自身培养方式,也要注重国际合作培养方式。因此,一是我国要积极参与国际碳交易市场,通过参与和实践方式来了解和掌握国际碳排放交易的经验和技术;目前我国通过参与清洁发展机制(CDM机制)已经培养了一批碳排放权交易和碳金融领域的专业人才。二是加强国际合作,派遣专业和技术人才到发达国家进行培训和实践锻炼。三是在国内推行排放权交易试点,在试点实践中培养锻炼国内排放权交易所需的专业人才。

六、发挥非政府组织的作用

建立我国的碳排放交易机制和交易市场,不能单纯依靠政府研究决策和企业的参与,更需要民间力量支持,要善于发挥非政府组织作为相对于政府、企业独立的第三方在碳交易市场建立和发展中的独特作用。(1)要发挥非政府组织"催化剂"的作用,在我国积极推进低碳减排行动中,需要越来越多的非政府组织活跃在应对气候变化等各个领域,宣传普及相关碳排放和碳交易的知识,提高公众参与碳减排的意识。(2)要发挥非政府组织"串联器"的作用。非政府组织的一些碳减排协会和碳基金会,在碳减排和低碳项目投资方面起到了积极的带动作用。通过这些非政府组织机构在碳减排理念宣传、碳减排项目的投资、碳交易的参与示范作用、试点发展方面开拓出区别于政府新形式的工作,成为引导未来碳交易市场的崭新力量。如我国首批低碳试点城市——天津,成立了低碳减排非政府民间组织——生态城绿色产业协会,这是一个由国内外热衷环保公益事业、严格执行相关环保政策和减少温室气体排放承诺的企业、机构与个人组成的社团组织,目前已有 51 家中外企业和机构加入,协会搭建的交流平台,能够帮助企业参与开拓减排交易市场的作用。(3)要发挥非政府组织"推动机"的作用。积极推动民间金融投资机构、中介机构及具有减排技术认证能力的第三方机构的发展。从国际经验来看,私人资本和民间中介机构的踊跃参与,会起到加快整个碳市场排放许可配额流动的作用,能扩大市场容量,推动碳排放交易市场进一步走向成熟。

第十章　我国碳排放权交易机制的实践与绩效分析

　　气候变化日益成为一种重要的环境和政治经济现象,许多国家和国际组织都采取了行动作出回应。中国是世界上最重要的制造国之一,而且是最大的碳排放国,我国碳排放从 1980 年低于 15 亿 t 到 2017 年超过 100 亿 t,我国的碳减排压力与日俱增。2009 年,中国政府承诺中国 2030 年将会使单位国内生产总值二氧化碳排放比 2005 年下降 60％～65％。2011 年 3 月,中国政府在"十二五"规划中宣布建立碳排放交易市场,中国碳排放交易即将进入自愿碳减排的最后阶段,并正式进入强制性减排的新阶段。在中国,利用市场机制控制二氧化碳排放将是一个崭新的、变革性的探索和实践。为了建立碳排放交易市场,在 2008 年中国的许多城市建立环境交易所,积累了有利于限额和交易系统的经验。在尝试促进碳排放交易之前,国家发展和改革委员会(NDRC)于 2011 年 10 月发布通知,授权经济发展水平和产业结构不同的七个行政区域进行试点并建立纳入碳排放交易的项目。七个地区包括北京、重庆、上海、天津、深圳、广东和湖北,范围内的交易主体是那些能耗高、排放多的企业,主要贸易产品是二氧化碳。

　　2013 年和 2014 年,中国 7 个区域开展碳排放交易试点项目,展示了中国政府建立全国碳排放交易市场的决心,并将自己定位于碳排放交易市场的国际舞台上。作为世界温室气体和在认证减排(CER)世界主要市场上最大的供应商,中国碳排放交易市场的成败将决定国际碳排放交易市场的命运和未来趋势。

第一节　我国碳排放权交易机制建立的过程

一、我国建立碳排放交易机制相关的政策支持历程

建立碳排放交易机制，建设碳排放交易市场是推动我国实现绿色低碳发展战略目标的重要路径，需要主管部门营造良好的制度环境，而碳排放相关顶层制度政策的制定尤为重要。碳排放交易机制与碳排放交易市场的顶层设计与阶段性建设目标，需要更加明确的政治意愿与清晰的政策框架。

（一）探索建立碳排放交易机制与市场的政策文件

为适应中国特色社会主义发展的新时代要求，从"十二五"规划纲要开始，到党的十八届三中、党的十八届五中全会决议，我国都相应部署了碳排放交易市场的建设，并且体现出我国的碳市场建设主要由国家发改委牵头的特征。国务院于 2010 年 10 月，发布《关于加快培育和发展战略性新兴产业的决定》（国发〔2010〕32号），首次提出，要建立和完善主要污染物和碳排放交易制度。国家发改委于 2011 年 10 月印发《关于开展碳排放权交易试点工作的通知》（发改办气候〔2011〕2601 号），批准北京、上海、重庆、天津、湖北、广东和深圳等七个省市开展碳交易试点工作。明确各试点地区的基本规则，强调要着手研究制定碳排放权交易试点管理办法和温室气体排放指标分配方案，测算并确定本地区温室气体排放总量控制目标，建立本地区碳排放权交易监管体系和登记注册系统，做好碳排放权交易试点支撑体系建设，培育和建设交易平台，保障试点工作的顺利进行。国务院 2011 年 12 月印发《"十二五"控制温室气体排放工作方案》（国发〔2011〕41 号），提出"探索建立碳排放交易市场"的要求。

（二）开展碳排放权交易试点系统规范文件与基本框架制度

国家发改委于 2012 年 6 月和 10 月分别印发两个规范性文件:《温室气体自愿减排交易管理暂行办法》(发改气候〔2012〕1668 号),《温室气体自愿减排项目审定与核证指南》(发改办气候〔2012〕2862 号),为 CCER(自愿减排)交易市场搭建起了整体框架,也对 CCER 项目减排量从产生到交易全过程进行系统规范。2012 年 11 月,积极开展碳排放权交易试点写入党的十八大报告。2013 年 11 月,党的十八届三中全会的决议进一步明确要求,推行碳排放权交易制度。2014 年 12 月国家发改委颁布了《碳排放权交易管理暂行办法》(国家发展和改革委员会令第 17 号),明确了全国统一碳排放权交易市场的基本框架。

（三）通过建立全国碳排放交易市场以应对气候变化的政治意愿

习近平于 2015 年 9 月《中美元首气候变化联合声明》中正式宣布,我国将于 2017 年启动全国碳排放交易体系,覆盖电力、钢铁、建材、化工、有色金属和造纸等六个重点工业行业。在 2015 年 12 月召开的巴黎气候大会上,习近平又再次重申我国将于 2017 年建立全国碳排放交易市场,表明了中国政府将通过建立全国碳交易市场来减少温室气体排放、应对气候变化的决心。旨在协同推进全国碳排放权交易市场建设,国家发改委办公厅于 2016 年 1 月 11 日发布《关于切实做好全国碳排放权交易市场启动重点工作的通知》(发改办气候〔2016〕57 号)。这确保了我国于 2017 年开始实施碳排放权交易制度,启动全国碳排放权交易。2016 年 3 月,《碳排放权交易管理条例》送审,并被国务院办公厅列入立法计划预备项目。为展现了全球气候治理大国的巨大决心与责任担当,加强应对气候变化国际合作的决心,我国政府于 2016 年 4 月 22 日签署《巴黎协定》,承诺将积极做好国内的温室气体减排工作。

（四）启动建立全国碳交易市场的规范化政策文件

国家发改委、中国人民银行、财政部等于 2016 年 8 月 31 日联合印发《关于构建绿色金融体系的指导意见》。指导意见强调，为促进建立全国统一的碳排放权交易市场和有国际影响力的碳定价中心，探索研究碳排放权期货交易，我国要发展各类碳金融产品，如碳远期、碳掉期、碳期权、碳租赁、碳债券、碳资产证券化和碳基金等碳金融产品和衍生工具。国务院于 2016 年 10 月 27 日印发《"十三五"控制温室气体排放工作方案》（国发〔2016〕61 号。方案提出到 2020 年碳排放总量得到有效控制，单位国内生产总值二氧化碳排放要比 2015 年下降 18%。到 2020 年力争建成制度完善、监管严格、交易活跃、公开透明的全国碳排放权交易市场，实现稳定、健康、持续发展。方案强调建立全国碳排放权交易制度，启动运行全国碳排放权交易市场，出台《碳排放权交易管理条例》及有关实施细则，强化全国碳排放权交易基础支撑能力。建立严格的市场风险预警与防控机制，建立碳排放配额市场调节和抵消机制，增加交易品种，逐步健全交易规则，探索多元化交易模式。建设碳排放交易注册登记系统、灾备系统，建立长效、稳定的注册登记系统管理机制。建设重点企业温室气体排放数据报送系统，构建国家、地方、企业三级温室气体排放核算、报告与核查工作体系。国家发改委办公厅于 2017 年 6 月 21 日印发《"十三五"控制温室气体排放工作方案部门分工》的通知。各地区、各部门根据职能分工制定有关配套管理办法，力争到 2020 年力争建成稳定、健康、持续发展的全国碳排放权交易市场。以发电行业为突破口，国家发改委于 2017 年 12 月 19 日印发《全国碳排放权交易市场建设方案（发电行业）》，标志我国碳排放交易体系正式启动，按基础建设期、模拟运行期、深化完善期三阶段实施。

二、我国碳排放交易机制和市场发展建设历程

根据欧盟 ETS 发展的历程与经验，碳排放交易市场的发展

必将是一个长期的过程,因为碳排放交易需要大量制度、法律、政策、数据、技术及能力建设作为基础,碳排放交易市场建设不可一蹴而就。因此,在探索碳排放交易市场时,我国政府遵循谨慎原则,先选择部分区域和部分行业开展试点,试点成熟之后,再逐步启动全国碳市场建设。同时为了与实施温室气体排放控制目标的政策进展相匹配,全国碳我排放市场建设也设定了一个从起步到试点并逐步完善的分阶段工作计划,大致分为以下几个阶段。

(一)(2011—2013年)碳排放交易市场的地方试点探索阶段

在试点探索阶段,中国政府自 2011 年以来颁布了一系列支持减排、碳排放交易的政策文件,加快布局建立国内碳排放交易市场体系。国家发改委办公厅 2011 年发布《关于开展碳排放权交易试点工作的通知》,正式批准上海、北京、天津、广东、深圳、重庆、湖北等七个省市开展碳交易试点工作。交易产品主要包括碳配额和国家核证自愿减排量(CCER),控排企业针对自身碳配额使用情况进行买入或者卖出碳排放权,不足的也可以由自愿减排量(CCER)进行弥补。为验证建设碳排放交易市场的可行性,根据当地实际情况,试点地区开展大量基础性工作及创新性尝试,为全国碳市场建设奠定了良好的基础。

(二)(2013—2017年)全国碳排放交易试点交易准备启动阶段

建设全国碳排放交易市场于 2013 年 11 月被列入全面深化改革的重点任务之一。7 家碳排放交易试点自 2013 年开始到 2017 年 11 月,配额成交量累计超过 2 亿 t 二氧化碳当量,成交额超过 46 亿元。国家发改委 2014 年 12 月发布《碳排放权交易管理暂行方法》,确立全国碳排放交易市场总体框架。2015 年 9 月《中美元首气候变化联合声明》提出,我国于 2017 年启动全国碳排放交易体系。国家发改委在 2016 年 12 月底召开全国碳市场建设思路讨论会,围绕 5 个专题进行了讨论:交易平台布局,监管体系建设,配额分配方法,注册登记系统建设,监测、报告和核查等。配额总量的设定和分配方案一旦在国家发改委和各省级行政区域完成,全国碳排放交易市场就将全面启动。国家发改委2017年12月发布的《全国碳排放权交易市场建设方案(发电行业)》,标志着正式启动全国碳排放交易市场。2017年底,7个试点地区总共纳入企业总数2 000余家。

(三)(2017—2020年)全国碳排放交易市场的建设、模拟与完善阶段

全国碳排放交易市场建设初期,由于电力行业产品碳排放占比高、监管体系完备、产品相对数据基础好,所以国家发改委在碳市场建设上计划以电力行业为突破口。根据《全国碳排放权交易市场建设方案(发电行业)》,2018年为全国碳排放交易市场的基础建设期,重点任务是完成全国统一的数据报送系统、注册登记系统和交易系统建设。2019年则是全国碳排放交易市场的模拟运行期,重点开展发电行业配额模拟交易,全面检验市场各要素环节的有效性和可靠性。2020年则进入全国碳排放交易市场的深化完善期。这一阶段是全国碳排放交易市场发展的关键阶段。在发电行业交易主体间开展配额现货交易,交易仅以履约(履行减排义务)为目的。这阶段碳排放交易市场的框架基本形成,包括1套法律基础——《碳排放权交易管理条例》;3项核心制度——碳排放监测报告与核查制度、碳配额管理制度和市场交易制度;4大支撑系统——碳排放数据报送系统、碳排放权注册登记系统、碳排放权交易系统、碳排放权交易结算系统。国务院提出到2020年全国碳排放交易市场"制度完善、交易活跃、监管严格、公开透明",这体现了全国碳排放交易市场在最近几年发展完善的四个方向。表10-1表示的是我国碳排放交易市场的建设历程。

表 10 - 1　中国碳排放交易市场建设历程

时间	建设成果
2008 年 9 月 25 日	天津碳排放交易所在天津经济技术开发区挂牌成立
2010 年 9 月 30 日	深圳排放权交易所经深圳市场人民政府批准成立
2012 年 9 月	广州碳排放权交易所正式挂牌成立
2013 年 11 月 26 日	上海碳排放试点交易在上海环境能源交易所正式启动
2014 年 4 月 2 日	湖北碳排放权交易中心开盘交易
2014 年 6 月 19 日	重庆碳排放权交易正式开市
2017 年 12 月 19 日	全国统一碳排放交易市场启动

（四）我国碳排放交易机制和市场发展的转型展望阶段

2020 年以后的碳排放交易市场发展目标还存在很大的不确定性，考虑到与我国温室气体排放控制与低碳发展转型进程相匹配，可以粗略地将未来全国碳排放交易市场发展划分为逐步发展成熟及成熟运行两个阶段。

1. 全国碳排放交易市场逐步成熟阶段（2020—2030 年）

预计从 2020 年开始再用十年左右的时间，逐步完善发展成熟全国碳排放交易市场。我国提出在 2030 年左右达到碳排放峰值，碳排放交易市场的逐步成熟运行对于我国实现该目标具有重要意义。因此，在初期发电行业碳排放交易市场稳定运行的前提下，再逐步扩大市场覆盖范围，包括逐步引入石化、化工、钢铁、建材、有色、航空、造纸等重点行业，以及丰富碳排放交易品种和交易方式。同时探索开展引入碳排放初始配额有偿拍卖、碳金融产品，以及碳排放交易国际合作等工作。

2. 全国碳排放交易市场的成熟运行阶段(2030 年以后)

由于在 2030 年我国碳排放达到峰值以后,可能碳排放绝对量将进入较为快速下降的发展阶段,我国碳排放交易市场作用目的将从服务于碳强度下降目标转而服务于碳排放绝对量下降目标。在这一背景下,碳配额的稀缺程度需要进一步提高,碳市场价格需要进一步升高,初始配额的有偿分配比例需要进一步提高,碳金融产品种类、碳市场交易规模等需要进一步增加和扩大,国际合作的深度与广度需要进一步加大。

第二节　我国碳排放权交易试点市场发展现状分析

一、我国试点地区碳排放权交易体系已初步建立

北京、天津、上海、重庆、湖北、广东、深圳等 7 个省市于 2011年启动了碳排放权交易试点工作,探索运用市场机制控制温室气体排放,我国碳排放权交易体系也正式启动,兑现了我国对国际社会的承诺。

国家发改委积极推动全国碳排放交易市场运行所需的各项基本法律建设工作。国家发改委在 2014 年发布《碳排放权交易管理暂行办法》,设置部门规章,设置针对第三方核查机构的资质管理及经济处罚等行政许可,明确全国碳排放交易机制的设计框架,为全国碳排放交易机制和市场的工作推进奠定基础。而部门规章中无法设立行政许可的,国家发改委于 2015 年向国务院提交了《碳排放权交易管理条例(送审稿)》,这为全国碳排放交易机制奠定了更加坚实的法律基础。

为了使全国碳排放交易机制下重点排放单位排放数据的质量得到保证,国家发改委下发了《全国碳排放权交易第三方核查机构及人员参考条件》和《全国碳排放权交易第三方核查参考指

南》,发布 24 个行业企业温室气体排放核算与报告指南,为企业
排放数据等信息报送提供技术指南。在此基础上,全国各个省区
市已经组织完成了各自行政区域内可能纳入全国体系企业的相
关历史年份排放等数据的报送工作,为全国体系启动奠定了坚实
的数据基础。

配额总量确定直接决定全国碳排放交易机制对国家温室气
体减排的贡献率,而配额分配方法直接影响纳入碳排放交易机制
重点排放单位的利益,因此两者对于全国碳排放交易机制的效果
和政治可接受程度至关重要。在系统总结分析全球主要碳排放
权交易机制,尤其是试点体系经验教训,并广泛征求相关行业、企
业、研究者和主管部门等意见的基础上,国家发改委提出了全国
碳排放交易机制配额总量确定和配额分配的原则方案,并获得国
务院的批准。为充分了解具体配额分配方案可能影响,确保其合
理性,国家发改委还选择部分省份对相关行业的分配方案草案进
行了试算,以对其做出进一步的修改完善。

全国碳排放交易机制运行所需的四个主要支撑系统,包括重
点排放单位碳排放数据报送系统、碳排放权注册登记系统、碳排
放权交易系统和碳排放权交易结算系统,目前均已初步建立,为
全国碳排放交易市场建设奠定了坚实基础。

二、我国试点地区碳排放交易市场表现

1. 碳排放交易试点市场初运行,但各地存在差异。2011 年,
中国中央政府提出了建立七个区域碳排放交易市场的计划,即深
圳、广东、北京、上海、湖北、天津和重庆。根据这些区域市场的经
验,再计划建立全国碳排放交易市场。2013 年年中,第一个区域
碳排放交易市场即深圳碳排放交易市场建立;2013 年年底,北
京、广东、上海和天津区域碳排放交易市场建立;2014 年,重庆和
湖北区域碳排放交易市场成立。2017 年初,福建区域碳排放交
易市场成立。截至 2017 年年底,碳排放配额许可证已在八个地

区进行交易,已交易约 17.3 亿 t 碳排放许可证,价值约 27 亿元人民币。在八个区域市场中制造业的规模是不同的。北京、上海、天津、深圳、广东和福建都位于中国东部,而湖北和重庆位于中国中西部。一般来说,东部沿海地区拥有先进的技术,更高效的政府和市场效率,以及更多的国际市场准入。北京、上海、深圳和广东的经济和金融市场规模更大,效率更高,可更多地获得私人和企业投资。此外,不同地区和省份拥有不同类型的制造业。例如,深圳的制造业主要是技术先进的轻工业,而在湖北省 2016 年制造业的地区收入的 60% 以上是由重工业贡献。

2. 由于各地区存在差异,这些市场的碳排放价格也大不相同。北京的碳价格稳定,基本上在 50 元左右,而 2015 年之前和 2016 年之后,上海的碳价格约为 30。广州的碳价格从 60 元开始,下降到 15 元;而天津的碳价格从 30 元开始下降到不到 10 元。重庆的碳价格从 30 元开始下降到几乎 0 元。2016 年后深圳和福建的碳价格差不多在 25 元左右,2016 年后湖北的碳价格在 15 元左右。从表 10-2 中给出了试点区域碳价格的描述性统计数据中可以看出,八个区域市场的最高平均碳价为北京的 50.06 元,其次是深圳的 42.65 元,而最低平均价格为重庆的 17.42 元。中位数价格与各自平均价格的价格相当。深圳的最高碳价为 122.97 元,其次是北京和广东,均为 77 元;其次是上海、天津和重庆,分别为 44.91 元、50.11 元和 47.52 元;湖北最低,价格为 29.3。上海的最低价格非常低,为 0.085 元,紧随其后重庆 1 元。深圳、广东、天津和湖北的最低价格分别为 2.12 元、6.93 元、7 元和 10.07 元。表 10-2 还显示湖北价格最稳定,标准差为 4.45 元。上海、深圳、广东和重庆的标准差均大于 10 元。深圳价格在八个市场中变化最大,标准差为 18.15 元。

表 10 - 2　试点地区碳价格的描述性统计(截至 2017 年)

单位:元

地区	平均值	中值	最大值	最小值	标准差
北京	50.06	51	77	31.84	6.35
上海	24.79	28.84	44.91	0.085	12.03
深圳	42.65	37.85	122.97	2.12	18.15
广东	24.29	15.57	77	6.93	17.80
湖北	20.22	22.01	29.25	10.07	4.45
天津	19.99	22.39	50.11	7	7.74
重庆	17.42	13.5	47.52	1	11.71
福建	30.16	30	42.28	17.26	6.29

数据来源:Chia-Lin Chang,Te-Ke Mai,Michael McAleer.Establishing National Carbon Emission Prices for China[J].Renewable and Sustainable Energy Reviews,2019,(3):1-57.

3. 碳排放价格的差异导致公司在区域和国家减排的成本差异。截至 2017 年年底,北京、上海、广东、深圳、天津、重庆、湖北和福建的价格分别为 54 元、35 元、12.91 元、29 元、8.51 元、9.52 元、15.63 元和 21.79 元。这些价格反映了碳减排成本的差异,北京公司的减排成本约为上海公司减排成本的 1.5 倍,是广东公司成本的 4 倍,是深圳公司成本的 1.9 倍,是天津公司成本的 6 倍,是重庆公司成本的 5.7 倍,是湖北公司成本的 3.5 倍,是福建公司成本的 2.5 倍,这些成本差异表明不同地区公司在减少碳排放方面没有公平的竞争环境。显然,北京的公司目前支付的碳排放价格高于其他七个地区的公司。如果中国建立全国碳排放市场,所有地区和省份的价格将是平等的。对于北京的公司而言,这种名义上的"国家价格"本质上可能过低,对于天津和重庆的公司来说,这个价格可能过高。全国碳排放交易市场将需要中国 40 个省市的所有公司参与。所有这些省份和地区,其中大部分目前没有区域碳排放交易市场,可能会有区域性名义价格没有反映在全国价格上。如何建立和计算全国市场的碳排放价格,实现碳减排目标,最大限度地提高社会福利,对中国政府及全球其他地区和国家来说是一个有意义的问题。

4.区域市场的价格不仅有很大的差异,而且相应的交易额也是如此。深圳市场成立于 2013 年中期,作为中国第一个碳市场,它拥有最多的观测数据。上海、北京、广东和天津成立于 2013 年年底,重庆和湖北成立于 2014 年中期,福建成立于 2017 年。福建市场仅在一年前成立,其交易期较短,观察相对较少。当前计算中国国家碳排放价格并不重要,重点将放在讨论和比较其他七个区域市场的数据。按碳市场交易营业额衡量,湖北是最重要的区域市场之一。从表 10-2 中可以看出区域成交额的描述性统计数据,在 2014 年中期至 2017 年底期间,湖北的日均交易额最大,约为 93 万元,约为重庆的 30 倍,是天津的 20 倍。湖北的交易总营业额和总交易量都非常大。广东和深圳的日均交易额也很大,分别为 65 万和 69 万元。上海和北京的平均成交量分别为 41 万和 33 万元,而上海和北京则没有与领先的三个市场一样大,基于平均成交额,这两个区域仍然扮演重要角色。福建的日均交易额为 23 万元,但福建市场仅在 2017 年开始,因此与其他更大的区域市场相比,福建市场的总交易额和交易量较小。天津和重庆两个最小平均成交额分别为 4.8 万和 2.9 万元,分别约为湖北的 5% 和 3.2%。在建立国家碳排放价格方面可以被忽视,湖北的数据不容忽视。

如表 10-3 所示,中位数的成交额远低于各自的平均值,反映出极大的极值和高标准偏差。尽管湖北的平均营业额最高,但深圳的最高营业额最高可达 1 亿元;广东的最高营业额第二高,为 4 752 万元,远低于深圳;第三大是湖北 2 996 万元。北京、上海和天津的最大营业额分别为 724 万元、2 317 万元和 1 121 万元。最小的最大成交量为重庆 445.73 万元。这并不特别令人惊讶,因为重庆的交易相对较少。所有八个市场的最小成交额为零,这似乎表明区域碳市场缺乏流动性。

深圳不仅拥有最大的营业额,而且波动幅度最大,标准差为4 077 118,远高于广东第二市场,标准差为2 370 102。湖北和上海的标准差分别为1 972 580 和1 697 093。天津和重庆的最低标准差与预期一致,标准差分别为500 858 和224 810。这些相对较低的价值并不令人意外,因为天津和重庆的交易很少。值得注意的是,北京在五个重要市场中波动幅度最小。北京的标准偏差为926 834,远低于深圳。这可能是由于合理的流动性供应和北京严格的参与限制引起的。

表 10 - 3 试点地区碳排放交易量的描述性统计(2014—2017 年)

单位:万元

地区	日均交易额	中位数	最大值	最小值	标准差
北京	331 946	4 998	7 238 610	0	926 834
上海	409 556	5 203	23 174 943	0	1 697 093
深圳	690 989	65 680	100 000 000	0	4 077 118
广东	655 539	6 763	47 519 182	0	2 370 102
湖北	932 969	402 938	29 598 300	0	1 972 580
天津	47 955	0	11 206 984	0	500 858
重庆	29 514	0	4 457 300	0	224 810
福建	229 132	47 613	4 647 190	0	560 939

数据来源:Chia-Lin Chang, Te-Ke Mai, Michael McAleer. Establishing National Carbon Emission Prices for China[J]. Renewable and Sustainable Energy Reviews,2019,(3):1 - 57.

5. 试点区域碳市场交易数量也明显有差异。2013—2016 年,我国碳排放交易市场十分活跃,碳配额现货成交量、成交价均呈上升趋势,增速明显,2017 年增速有所减缓。截至 2017 年 12 月

31 日,七省市二级市场线上线下共成交配额现货接近 6 740 万 t,较 2016 年交易总量增长约 5.31%;交易额约 11.81 亿元,较上年增长约 13.01%。截至 2017 年,全国碳排放交易量中,湖北碳排放权交易中心交易量最大,成交总量 5 216.8 万 t,占比 34.4%;其次是广东碳排放交易所,成交总量 4 059.5 万 t,占比 26.7%;第三的是深圳碳排放交易所,成交总量 2 534.7 万 t,占比 16.7%。区域数量的描述性统计数据表明湖北的碳市场交易量最大,为 47 372 t,其次是广东,为 45 350 t。其他五个市场远小于湖北和广东基于平均销量,上海和深圳分别收于 25 578 和 23 437 t。重庆市场的平均值为 8 865 t,大于北京和天津。基于平均销量的两个最小市场是北京和天津,分别为 6 588 t 和 3 419 t。中值交易量显著低于相应平均交易量,反映了极大的极值和高标准偏差。深圳市场的最大成交量最大为 400 万 t,其次是广东 371 万 t 和重庆 211 万 t。上海和湖北的最大产量分别为 138 万 t 和 117.6 万 t。天津和北京的最大产量最小,分别约为 83 万 t 和 15 万 t。所有七个市场的最低交易量均为零,这与区域碳市场缺乏流动性一致。

总的来说,七个试点市场的价格波动远低于各自的营业额和交易量。以深圳为例,价格标准差约为 18.15,营业额和交易量的标准差为 4 077 118 和 166 807,约为价格标准差的 9 200 倍。这一结果可能表明,需求和供应的变化似乎无法明显影响价格,区域碳定价市场功能还远未发生作用。

长期来看,我国碳排放交易规模将超万亿。中国政府在《联合国气候变化框架公约》第 20 轮缔约方会议(COP20)上表示,2016—2020 年中国将把年二氧化碳排放量控制在 100 亿 t 以下,并且承诺排放量将在 2030 年左右达到顶峰,约为每年 150 亿 t。如果我国碳市场覆盖行业范围继续扩展并且纳入更多企业,按照欧盟 ETS 第三阶段覆盖率目标 60% 来计算,我国未来发放配额总量可达 60 亿~90 亿 t,以 400% 的预计换手率计算,配额的交易量将攀升至 240 亿~360 亿 t。为提升企业减排动力,配额发放将日趋收紧,另外换手率大幅提升必然推动配额价格上涨,按照100元/t的碳价计算,现货市场交易额将位于2万亿至3万亿之间,考虑衍生品市场后,碳排放交易市场规模甚至会超十万亿。

第三节 我国碳排放权交易试点发展取得的成效

我国当前的碳排放交易交易市场尚处在构建初期,碳排放交易市场建设不仅关乎我国绿色发展,更是我国应对气候变化、降低碳排放、履行国际承诺的重要手段。我国碳排放交易市场建设分阶段推进。启动碳排放交易市场建设以来,我国碳排放交易市场试点的基础设施、交易机构、市场交易量、碳减排等方面初见成效。

一、碳排放交易体系的基础设施得以建立,企业减排意识得以提升

在政府指导设计下,充分借鉴国外碳排放交易相关体系设计和运行的经验教训,我国碳排放权交易试点紧密结合区域实际,在较短时间内完成了各自体系的设计工作。包括碳排放交易体系的法律基础、碳排放交易体系覆盖行业范围、设施设备碳排放数据的核查体系和监测报告、碳排放上限确定、碳排放配额分配方法制定、未履行义务单位处罚措施的确定、碳排放交易系统和注册登记系统建设等各个方面。

为加强碳排放交易能力建设,国家和地方政府相关机构对碳排放交易地方主管部门、重点排放单位、第三方核查机构开展大规模培训。碳排放监测计划制订工作、碳排放历史数据报送与核查工作也都全面开展,碳排放交易试点各地每年需按要求报送碳排放数据。在总结国内外碳排放交易试点经验及征求专家建议的基础上,碳排放配额有偿分配、基准线、价格调控风险管理等碳排放交易市场的重要机制也已开始制定。其中针对首个纳入碳排放交易体系的发电行业,国家气候司联合中国电力企业联合会

开展发电行业配额分配试算、交易细则制定等关键工作,并启动发电行业碳排放交易技术指南编制等基础工作。

在 2013 年和 2014 年,碳排放交易试点体系分别开始正式运行,截至止目前试运行了 5～6 个完整的履约周期,对碳排放交易体系的各关键要素和各环节的设计进行了完整的测试。试运行期间实践表明,通过借助排放交易体系对碳排放资源的市场配置及碳排放数据等第三方核查,碳排放交易体系完善了企业内部的碳排放数据监测体系,提高了企业的碳减碳意识,促进了企业进行碳减排的积极性。清华大学中国碳市场研究中心开展的一项针对试点体系纳入单位的大规模问卷调查表明,在纳入碳排放交易试点的重点排放单位中,60%以上企业已经制定了碳减排的内部战略,30%以上的企业建立了碳交易专门部门,40%以上企业把碳价作为其长期投资决策中重要的考虑影响因素。碳排放交易体系试点的统计数据也表明,纳入试点体系的行业和重点排放单位在温室气体排放控制方面的成效也远好于未纳入试点体系的行业和排放单位。

二、碳排放交易机构得到设置与发展

碳排放交易机构的设置对于我国尚不成熟的碳排放交易市场的发展十分重要。一方面,碳排放交易机构(目前主要形式体现为交易所)通过固定的交易场所安排,交易会员资格的把控,以及明确的交易产品和交易规则设定,能够有效地降低交易的风险;另一方面,碳排放交易机构作为独立的中介,为碳排放交易的买卖双方构建了便利的交易机制,从而降低碳排放交易成本。此外,碳排放交易机构还承担着宣传减排政策,撮合碳融资,推动低碳发展的使命。如上所述,在确立开展碳排放交易试点之后,北京、上海、天津、湖北、重庆、广东、深圳等试点区域从 2011 年起开始成立了 7 家碳排放交易机构,并于 2014 年全部启动碳排放上线交易体系,超过 1 900 家排放企业和单位被纳入碳排放交易体系,合计约 12 亿 t 的碳排放配额总量。几年时间内,7 个试点碳交易机构各自尝试了不同的政策思路和分配方法,完成了企业教育、规则制定、数据摸底、交易启动、履约清缴、抵消机制使用等全过程。

目前,九家碳排放交易机构已获国家温室气体自愿减排交易机构正式备案,包括:北京环境交易所、上海环境能源交易所、天津排放权交易所、重庆联合产权交易所、广州碳排放权交易所、深圳排放权交易所、湖北碳排放权交易中心、福建海峡股权交易中心、四川联合环境交易所,其中最后两家为非试点地区交易机构。九家碳排放交易机构结合地区实际,在市场体系构建、配额分配和管理、碳排放测量、报告与核查等方面进行了深入探索。在完成了碳排放交易排放体系总体设计后,2017 年 12 月 19 日,国家发改委宣布正式启动全国性碳排放权交易体系。并确定由上海牵头组建碳排放权交易系统,湖北牵头组建注册登记系统,北京、天津、重庆、广东、江苏、福建和深圳市共同参与系统建设和运营。

三、碳配额现货成交量、成交额均呈上升趋势

国家开展了 87 个低碳省、市,51 个低碳园区,8 个低碳城镇试点。试点阶段进行碳配额交易,交易品种为地方配额现货和中国核证减排量现货,以地方配额为主导。2017 年年底,发电行业成为率先启动碳排放权交易市场的突破口,国家发改委发布了《全国碳排放权交易市场建设方案(发电行业)》,标志着正式启动全国碳排放交易体系。同时,截至 2019 年的 5 月底,全国碳排放交易市场试点配额累计成交 3.1 亿 t 二氧化碳,累计成交额约 68 亿元。2013—2016 年,我国碳排放交易市场十分活跃,碳配额现货成交量、成交价均呈上升趋势,增速明显,2017 年增速有所减缓。截至 2017 年底,碳排放交易试点七省市二级市场线上线下共成交配额现货接近 6 740 万 t,较 2016 年交易总量增长约 5.31%;碳排放交易额约 11.81 亿元,较 2016 年增长约 13.01%。长期来

看,我国碳排放交易规模将超万亿。在《联合国气候变化框架公约》第 20 轮缔约方会议(COP20)上中国政府表示,将在 2016—2020 年把年二氧化碳排放量控制在 100 亿 t 以下,并且承诺碳排放量将在 2030 年左右达到顶峰,约为每年 150 亿 t。如果我国碳市场覆盖行业范围继续扩展并且纳入更多企业,按照欧盟 ETS 第三阶段覆盖率目标 60% 来计算,我国未来发放配额总量可达 60 亿~90 亿 t,以 400% 的预计换手率计算,配额的交易量将攀升至 240 亿~360 亿 t。为提升企业减排动力,配额发放将日趋收紧,另外换手率大幅提升必然推动配额价格上涨,按照 100 元/吨的碳价计算,现货市场交易额将位于 2 万亿至 3 万亿之间,考虑衍生品市场后,碳市场交易规模甚至会超百万亿。

四、碳排放权交易试点地区碳强度下降快于全国平均水平

中国政府将应对气候变化相关目标纳入了国民经济社会发展规划,采取了有力举措,2018 年来碳排放强度显著下降,非化石能源占比不断提高,森林蓄积量持续增加,适应气候变化工作逐步推进,气候变化国际合作取得积极进展。2018 年全国国内生产总值碳排放相比 2005 年下降了 45.8%,超过了我国提出的碳排放 2020 年下降目标的上限,超额完成任务,初步扭转了过去一段时期碳排放快速增长的局面。相比 2005 年,森林蓄积量增加了 21 亿 m^3,非化石能源占能源消费比重达到了 14.3%。截至 2018 年底,全国森林覆盖率达到了 22.74%,森林蓄积量达到了 170 亿 m^3。从试点的情况看,这些试点地区总体的碳排放强度下降都快于全国的平均水平。7 个试点地方目前已经提出了各自的碳排放达峰目标。

以电力行业试点来看,相比 2015 年我国单位火电发电量的碳排放强度 2017 年为 844 $g/(kW \cdot h)$,下降了 19.5%,已表明我国的供电煤耗和净效率已经达到世界先进水平。尽管如此,按照综合能源消费量 1 万 t 标煤及以上或年排放达 2.6 万 t 二氧化碳

当量的"门槛",6 000～7 000千瓦级以上装机容量的独立法人火电厂仍将被纳入全国碳排放交易市场,意味着发电行业碳排放交易体系将全部覆盖1 700多家火电企业,超过30亿t二氧化碳排放总量。各项数据表明目前发电行业的碳排放交易进展实际要好于预期,很多准备工作已经完成,换句话说,发电行业第二阶段开展模拟交易的条件已具备了。

第四节　我国碳排放权交易试点 发展中面临的挑战

总体上,经过几年的试运行,我国碳排放交易体系试点的基础设施、交易机构、各项机制、排放配额交易量、企业碳减排意识都得到了发展,但在看到我国碳排放交易试点市场取得重大成就时,也应该看到我国碳排放交易试点发展过程中面临的各种挑战。

一、碳排放交易体系中监管与市场立法滞后

立法建设是碳排放交易市场发展的基础,如果没有立法,往往导致市场交易出现偏差,并且上限和交易规定将是不切实际的。目前,存在一些相关的政策和规则来保护碳排放交易。但是,行政监管和交易市场运作的立法仍然滞后。排放权和许可证交易规则,监测、排放数据的收集,核查、执行和不合规惩罚,所有这些都是实现碳排放交易机制运行的关键方面,需要一个坚实的法律体系的支持。在碳排放交易体系的法律基础方面,缺乏针对全国碳排放交易体系的国务院条例,缺乏保证全国碳排放交易体系的有效实施。当前只有北京市和深圳市人大常委会作出具有地方性法规性质的决定/规定,其他试点地方均依据的是省(市)地方相关的规章,而全国碳排放交易体系建设目前的主要依据是国务院的相关批复及国家发改委发布的部门规章。

在法律层级方面,部门规章和地方规章的层级较低,导致碳排放交易体系有效实施所需的相关关键规定,如对第三方核查机构的资质要求和较高额度的经济处罚等均无法设立,难以保证碳排放交易体系实施的有效性和权威性。具体而言,如受到监管的污染者超过其排放限额将会施加什么样的处罚,仍然缺乏支付处罚费用的关键细节。如果没有规定处罚的标准化规则,碳价将不具有表现力和指导性。在欧盟有"Directive2003/87/EC",英国有《气候变化法》,美国有《加州环境质量法案》,都以立法的形式出现,以促进发展碳排放交易市场,进行排放许可证交易。当前,中国的一些学者已经开始从立法基础、原则和制度的角度研究碳排放交易体系立法。

二、碳排放数据核查与配额分配方案合理性问题

排放配额分配有几种方法:历史排放法(祖父)、相关绩效机制(RPM)、公开拍卖法。当前中国分配碳配额主要用历史排放法,而相关绩效机制(RPM)没有采用。一些试点区,拍卖方法也被尝试。中国设计师目前正在努力解决的一个问题是排放限额的确定需要历史数据,但很少有设施和企业能够完整记录他们的排放量。因此,企业配额分配的准确性可能是很难实现的。目前,碳排放交易试点的准确性受到的影响由三个因素决定。首先,上面三种方法有一个共同的缺点,即对实时信息的响应慢,这极大地影响了配额分配的准确性。因为经济水平,经济结构和能源结构不断变化,因此使用历史记录计算未来排放的标准是不正确的。相反,将企业运营与中国经济增长联系起来的灵活配额分配机制可能是一个很好的解决方案。其次,各种核查机制影响配额分配准确性。碳排放交易试点的核查机制不同。在一些试点中,招标、验证由不同的核查机构进行;一些试点区发布了通知指南并指定了一个验证机构来实施,而一些试点区则考虑了企业报告的数据,并以验证机构的结果作为参考。在这种情况下,配额

设置的随机性极大地影响了数据的公平性和有效性。第三，运行中的验证机制不能满足碳排放交易的实时和高频要求。参与碳排入交易的企业需要知道他们排放了多少的二氧化碳，已经减排多少，以及在未来的某个运营期间应购买多少。只有这样，碳价才能直接与生产行为联系起来。显然，核查机制离这一目标仍然很远。

从碳排放交易试点看，排放配额分配方案存在许多不足的实践表现。首先，在发电行业，出现小机组配额基准偏高，大机组配额基准过低；造成能耗低、排放小的大机组反而配额缺口大，减碳成本增加。其次，热电联产机排放组配额过低。尤其是工业供热机组，供热越多配额缺口越大，这些都与碳排放交易市场降低碳减排成本的设立初衷相悖。最后，碳排放交易试点普遍采用基准线分配法，同一型号机组对标行业先进参数，但并非所有机组都能达到理想状态。实际上，运行状况直接影响减排成本，但分配时却未将其考虑在内。当然从另一角度看，在所有配额分配方案中，基准线法相比现有其他分配方式更为合理。

可以预见，在下一阶段，政府在规范不同试点地区的排放许可证设置和分配方法机制方面面临着艰巨的任务。

三、不完善的碳排放市场交易机制问题带来市场碳价问题

国际碳排放的金融衍生品信贷发展很快。但是，中国的碳排放量、期货、期权和其他产品未被允许通过招标变更进行交易，这不符合国际惯例和发展趋势。结果这种孤立引发的是中国碳价格国内市场将会受到国际市场的影响，进一步影响中国国际电联的国际市场议价能力。低碳金融发展为参与者提供有效的市场激励活动，但低碳金融市场在碳排放交易中的主导作用在中国被削弱了。2013 年，中国开始实施碳排放交易计划，但在中国的碳排放交易初期过程中，中国只是简单地模仿欧盟排放交易体系而缺乏有效的创新。由于政府对碳排放交易的宣传不够，对其相关

政策和理论解释不充分,涉及企业仍然无法完全理解碳排放交易机制。许多企业认为参与碳排放交易仅仅是一种社会责任或一种环境保护行为,并且不了解碳排放交易产生的变化或利益。最具代表性的案例是 2013 年年底 CBEEX(北京环境交易所)和SEEX(上海环境能源交易所)的首次交易,这是双方协议缔结的,交易价格也是根据协议形成的,市场几乎没有起到指导作用。如何利用市场合理规范碳排放贸易仍需要中国规划设计者的重点思考和积极建设。

四、在碳排放统计数据方面,数据质量待需保障

核查与统计数据直接关系着企业履约的减排责任及来年的配额发放。对纳入碳排放交易的企业碳排放量应做到可监测、可报告和可核查,简称 MRV。从纳入控排企业碳排放的盘查和统计情况来看,部分企业对碳排放交易了解程度不高;据参与盘查的人士及企业方的反馈,部分企业对此持排斥态度。有些企业都没有报表和历史数据记录,核查起来非常麻烦。重点排放单位目前同时向多个部门报送多套口径不完全一致的数据,且大多数上报的数据没有经过第三方的核查,从而质量无法有效保证,不同数据在各主管部门之间也缺乏共享,导致碳排放权交易体系建设所需的高质量数据需要重新收集,增加了碳排放交易体系运行的成本。建议要做好密集培训,监督建立基础数据体系,加强各部门不同渠道数据的共享,并在决策中更好发挥碳排放交易市场建设中获取的更高质量数据的作用。

五、行业减排空间制约带来的碳排放交易市场效率问题

在碳排放交易行业试点选择上,发电行业因基础好而先行进入碳排放交易体系,但也对其减排效果和碳市场活跃造成一定限制。例如,煤电行业燃料成本上涨;而煤电设备利用小时持续下降导致火电机组大面积亏损的情况下,碳排放配额分配过紧、碳

价过高无疑将增加煤电行业减排成本负担。但碳排放配额分配过松、碳价过低又会影响市场流动性。设置碳减排目标时,需要给发电行业预留空间,减排激励要结合考虑实际电力需求增长、碳排放交易市场发展需求和企业减排成本压力。其次,减排空间有限也限制了碳排放交易市场活跃度。在发电行业 30 亿 t 二氧化碳排放中,靠火电技术实现减排的潜力仅约 5 亿 t,进一步提高发电效率的减排空间十分有限。而因现行电价机制,发电行业减排成本很难传递到终端用户,也难以激励用户参与减排。长此以往,容易导致碳排放交易市场不活跃、碳价扭曲、效率不高等风险问题。

六、缺乏碳排放交易市场的监管体系

欧盟碳排放交易管理的国际经验表明,为确保市场秩序统一,排放管理机构或机构系统应该负责监管碳排放交易。例如,欧盟的碳排放交易管理系统包括一个由欧盟中央管理部门和成员国政府环境保护部门组成的两级结构。有具体的工作分工,对权利和义务进行明确区分。协调与合作是碳排放交易管理系统高效运作的重要保证。

迄今为止,具体负责碳排放交易的监管机构已在中国建立。目前,碳排放交易管理体系由国家气候变化领导小组领导,由国家发改委集中管理,并由其他相关部委和部门协调。但是,过去的管理体系主要侧重于 CDM,缺乏强制性碳排放交易和管理经验。此外,碳排放交易管理体制中,权利和义务与明确的监管职能解释没有明确的区别,国家发改委不仅是中国碳排放交易的领导者,也是规则制定者和监管者,不适合长期发展的趋势。

第五节　我国碳排放权交易机制与市场
进一步改革与发展建议

我国于 2017 年 12 月 19 日宣布启动全国范围的碳排放交易

市场,通过此举也表明其作为一个负责任国家的承诺。对于中国自身来说,这是一个可以基于市场机制探索并根据市场机制调整环境政策的很好的机会。我国已在几个主要城市展开了碳排放权交易试点,经过几年的试运用,计划在 2020 年建立全国范围的碳排放交易机制,届时将成为仅次于欧洲的第二大碳交易市场。当然,我国碳排放交易市场也面临着一些挑战,如配额分配不准确、不成熟的碳交易市场体系,不完善的交易机制,滞后的立法以及缺乏碳交易市场的监管体系。正如欧盟 ETS 发展也并非一帆风顺,我国碳排放交易市场建设一方面要结合自身国情,另一方面要充分借鉴欧盟 ETS 的经验教训,以推动中国碳排放交易市场的完善发展。

一、做好碳排放权交易市场的顶层设计

从欧盟 ETS 经验来看,地方政府与中央政府的出发点并不一致,例如,欧盟各地方政府和组织从自身角度和眼前利益出发,在应对欧洲碳价危机时很难达成一致。我国要基于应对气候变化的长期性和全局性,要加强顶层设计,在政府的指导下展开碳排放权交易机制和碳排放权交易市场的建设。要统一明确建立碳排放权交易市场建设的目的,要考虑到我国还是新兴发展中国家与市场,需要加强政府部门的监管和引导,加强对市场风险的防范,促进碳交易市场健康稳定的发展。在建设碳排放权交易市场时,要结合国家能耗、碳排放峰值、碳强度下降等目标,结合考虑各地区、各行业历史排放、行业基准、发展现状等因素,科学设计碳排放交易市场的各项要素与机制。要制定和颁布清晰可靠的路线图及配套政策框架与体系,要确保配额总量的稀缺性,通过碳金融在内的市场机制设计及严格的市场监管机制保障碳价保持在一定水平,从而实现市场主体对市场碳价格的长期稳定预期,并通过有效的价格传导机制实现对企业投资决策的影响,推动企业加强低碳技术与产品的创新。

二、逐步建立碳排放数据核查机制

欧盟碳排放交易市场建设中由于根据行业企业历史碳排放数据，免费配额分配过多而发生的碳价格崩溃现象。目前中国的配额设定和分配方案也是根据历史碳排放计算的，但由于我国企业长期缺乏碳排放历史数据，同时各行业产业技术都在发展变化中，碳排放数据不准确导致配额分配方案更不准确也不公平。在碳排放数据核查上，许多学者提出了不同的方案，如 Liwei Liu 建议使用反向验证机制。这种方法以终端产品为导向，根据二氧化碳排放量和最小产品单位能耗的平均数据，通过其制造的终端产品评估每个企业的合理排放范围。及时并定期向企业通报这些数据，根据这些排放数据，可以设置更精确配额，配额分配也更灵活。企业能够控制和调整他们的生产过程、技术或可能导致不同排放结果的任何其他行为。此外，企业可以将他们的生产决策与碳价格联系起来，从碳排放交易市场中受益。而且，这种机制可能消除对第三方进行验证的依赖性，这可以降低成本和精力，避免验证机制差异造成的错误，将数据的准确性与经济数据审计更紧密地联系起来，最终充分发挥市场的主导作用。通过采用这种机制，类似欧盟碳排放交易市场建设中免费配额发放过多而发生的碳价格崩溃现象将会得到缓解。

三、完善碳排放交易机制与市场制度

欧盟 ETS 的运行经验表明，配额总量设置、配额分配方案、配额履约机制、市场链接机制等要素都会影响碳排放交易市场供求关系，影响碳排放配额价格。交易机制的完善性，功能齐全的交易平台，是碳排放交易市场与碳价稳定性的重要保障。与此同时，改善碳排放交易标准以建立碳排放交易的统一国家平台也至关重要。建议在研究和开发方面采取进一步措施丰富碳融资产品。进一步健全和完善碳排放交易市场交易品种，发展碳排放衍生品交易,鼓励金融机构和企业参与期货和期权等碳金融产品的交易。市场参与者可通过衍生品进行套期保值,有效规避碳排放权价格波动给企业带来的风险。随着时间的推移,其他碳衍生产品将逐步引入市场,如信贷产品,低碳经济发展基金,低碳债券和碳排放选择机制。多元化的碳市场交易衍生品有助于引入更多投资者,优化碳排放交易市场参与者的结构,活跃碳排放交易市场。

四、完善碳排放交易市场的立法和监管制度

建立一个独立的碳排放交易权威监督和管理机构对碳排放交易市场稳定性至关重要。要加快碳排放交易市场的立法进程,碳排放交易市场稳定性需要有碳排放相关的法律制度基础,包括温室气体排放权限、分配、收费、验证、交易和管理;同进还需要相关领域的法律和法规,如能源、环境、价格、税收和金融。要明晰碳排放交易市场产权,避免碳排放权的分配和交易过程中的市场失灵,有效地保障碳市场的顺利运行。碳排放权的财产权属性及何种方式进行需要专门立法确认,要明晰碳排放权的法律属性,同时对于违约的严格执法也有法律依据。夯实碳排放交易市场的法律与监管基础,以及明晰碳排放交易权的法律属性,也有利于碳排放交易市场在后续引入碳金融产品、配额有偿拍卖、链接资本市场等,从而更好地推进碳排放交易市场的建设,使得碳排放交易市场能够发挥其基本功能。

五、制定建设国际碳排放交易市场合作路线图

从中国在全球的碳排放量和碳交易量规模来看,都预示着中国碳排放交易市场在全球国际舞台上的重要地位。随着我国碳排放交易市场的逐步完善,我国在全球碳排放交易市场中的影响力都将大幅度提升。一方面,中国作为发展中国家建设碳排放交易市场,对其他发展中国家在既有条件下发展碳排放交易市场具

有重要的借鉴作用,是我国开展南南合作的潜在重点领域。我国可以考虑如何借助"一带一路"倡仪,推动"一带一路"沿线国家加入碳排放交易市场互联互通合作,并在这个过程中参与相关国际规则的制定。另一方面,中国碳排放交易市场要加强与欧盟等发达国家和地区的合作,通过借鉴国际碳排放交易市场的发展经验和教训,完善我国碳排放交易市场的顶层设计和制度完善。通过碳排放交易市场的国际化更好地服务于我国的对外开放战略,甚至有可能助推人民币国际化。因此,有必要在碳排放交易市场起步阶段,制定碳排放交易市场的国际合作路线图,设定分阶段目标与重点任务,和我国推进人类命运共同体建设的各项举措更好地进行衔接。

结　论

　　全球气候变化问题是 21 世纪人类共同面临的最大挑战和威胁之一,也是各国经济和社会发展的主要制约因素。为了减缓和适应全球气候变化,降低温室气体排放,各国开展了广泛的国际合作,采取了各种减排手段。《联合国气候变化框架公约》《京都议定书》和《巴黎协定》为各缔约国中的发达国家分配了温室气体排放额度和减排义务,使各国从法律意义上意识到了大气环境容量资源的有限性。通过市场机制来优化大气环境容量资源的配置,实现温室气体减排与经济发展相互协调,成为人们解决气候问题和控制碳排放所追求的目标。这样的思想催生了各种气候环境治理的经济手段,包括排放权交易市场机制手段的应用。

　　碳排放权交易机制有三大基本体系:总量控制—排放权初始分配—排放权交易。其中总量控制是前提,公平合理的排放权初始分配是基础,排放权交易是实现排放资源合理配置的有效途径。但碳排放权交易机制要有效实现碳减排,还需要监控、报告和核证等配套机制的支持,需要相应的遵约和处罚机制做保障。

　　碳排放权交易机制在低成本高效实现碳减排方面相对于直接管制手段有着明显的优势。而碳排放权交易机制和碳税等市场经济减排手段的运用都有一定的条件和基础,都有相对的劣势和优势。从欧盟 ETS 运行的过程来看,欧盟 ETS 推动了行业企业的碳减排,推动了低碳技术的创新和碳金融的发展,当然也可能带来"碳泄漏"和影响企业竞争力等负面影响。但从发达国家的经验来看,各种减排手段之间,包括市场经济手段和行政管制手段之间并不是相互排斥的关系,而是相互补充和相互推动减排事业的发展。

《京都议定书》下设了三种排放交易机制,为减少全球温室气体排放,推动发达国家和发展中国家在解决气候问题上的国际合作提供了一条有效的途径。但《京都议定书》下的排放交易机制由于存在不足和弊端,导致其并不能完全解决全球各国的温室气体减排问题。因此各国特别是发达国家为完成碳减排承诺目标,都在探索建立国内碳排放权交易机制和交易市场。

在全球各国的碳排放权交易机制中,最为完善的是欧盟碳排放权交易机制;欧盟的碳排放交易市场也是全球最有活力的市场,推动了欧盟和全球的碳减排事业、低碳产业的发展及碳金融业的繁荣。各项数据证明,欧盟碳排放交易机制的实施不仅具有良好的环境有效性,也具有较好的成本有效性,为许多国家建立碳排放权交易机制积累了较丰富的经验。

在解决气候问题这个国际大背景下,中国作为发展中的温室气体排放大国,肩负国际和国内的减排压力。由于中国长期粗放式的经济发展方式,导致生产能耗强度和排放强度大大超过世界平均水平,同时中国又处在城市化和工业化发展阶段,碳排放量仍将不断上升,推行节能减排、向低碳经济转型具有必然性。为了高效低成本实现节能减排和控制碳排放的目标,中国建立碳排放权交易机制和发展碳排放权交易市场也具有了必然性。同时,建立碳排放权交易机制和交易市场也为我国调整经济结构,转变经济发展方式,解决我国在国际碳金融产业链中的低端问题和国际气候合作事业起到推动作用。

2011年10月,国家发展和改革委员会(NDRC)发布通知,授权经济发展水平和产业结构不同的七个行政区域进行碳排放交易试点。2016年4月,我国政府签署《巴黎协定》,承诺2030年我国碳排放达到峰值。2016年10月,印发《"十三五"控制温室气体排放工作方案》(国发〔2016〕61号),提出到2020年力争建成制度完善、监管严格、交易活跃、公开透明的全国碳排放权交易市场,实现稳定、健康、持续发展。方案强调建立全国碳排放权交易制度,启动运行全国碳排放权交易市场,出台《碳排放权交易管理条例》及有关实施细则,强化全国碳排放权交易基础支撑能力。

当前,我国正处于城市化和工业化发展的关键时期,决定了我国在国际气候协议谈判中应坚持"共同但有区别"的原则,为我国的经济发展争取最大的发展空间。也正是由于我国和发达国家所处的发展阶段和国情不同,我国碳排放权交易机制的建立不可能完全照搬发达国家的模式,必然要结合我国自身的情况和国外的经验,开拓出一条符合中国自身利益和发展原则的中国路径来。我国的碳排放权交易机制必须以发展优先的原则为基础,以渐进发展方式来逐步推进中国的碳排放权交易机制和交易市场的发展。综合考虑,我国应先建立自愿性排放权交易市场,再建立强制性排放权交易市场;先建立区域行业性交易市场再建立全国性市场;先建立碳现货交易市场再建立碳期货交易市场。由于我国的市场机制、法律和金融基础体系本身不够完善和成熟,因此建立碳排放权交易机制需要多方面的支持,如金融财税政策的创新、相关法律法规的完善、碳排放统计和监测技术基础的夯实、人才培养和民间组织力量的运用。毕竟,碳排放权交易机制和交易市场的建立是一个复杂系统的工程,本书只是在总结欧盟碳排放权交易机制运行经验教训的基础上,初步探索中国碳排放交易机制与交易市场的培育和发展,有许多问题还有待进一步的探讨。

参考文献

[1] 奥尔森.集体行动的逻辑[M].陈郁,郭宇峰,李崇新,译.上海:上海三联书店,1996.

[2] 白泉.能源节约经济学[M].北京:光明日报出版社,2009.

[3] 庇古.福利经济学[M].北京:商务印书馆,2006.

[4] 蔡林海.低碳经济绿色革命与全球创新竞争大格局[M].北京:经济科学出版社,2009.

[5] 柴麒敏,傅莎,郑晓奇.中国重点部门和行业碳排放总量控制目标及政策研究[J].中国人口·资源与环境,2017(12).

[6] 陈波.中国碳排放权交易市场的构建及宏观调控研究[J].中国人口·资源与环境,2013(11).

[7] 陈惠珍.论中国碳价调控的法律路径:主要以欧盟排放交易体系为借鉴[J].暨南学报(哲学社会科学版),2014(5).

[8] 陈惠珍.中国碳排放权交易监管法律制度研究[M].北京:社会科学文献出版社,2017.

[9] 陈漓高,杨新房,赵晓晨.世界经济概论[M].北京:首都经贸大学出版社,2006.

[10] 陈文颖,高鹏飞,何建坤.二氧化碳减排对中国未来 GDP 增长的影响[J].清华大学学报:自然科学版,2004,44(6).

[11] 陈文颖,吴宗鑫,何建坤.全球未来碳排放权"两个趋同"的分配方法[J].清华大学学报:自然科学版,2005,45(6).

[12] 陈文颖,吴宗鑫.碳排放权分配与碳排放权交易[J].清华大学学报(自然科学版),1998(12).

[13] 陈勇,王济干,张婕.区域电力碳排放权初始分配模型[J].科技管理研究,2016(1).

[14] 陈征.劳动和劳动价值论的运用与发展[M].北京:高等教育出版社,2005.

[15] 陈征,李建平,李建建,等.《资本论》与当代中国经济[M].北京:社会科学文献出版社,2008.

[16] 陈征.《资本论》和中国特色社会主义经济研究[M].太原:山西经济出版社,2005.

[17] 陈征.《资论本》解说(三册)[M].福州:福建人民出版社,1997.

[18] 杜莉,张云.我国碳排放总量控制交易的分配机制设计:基于欧盟排放交易体系的经验[J].国际金融研究,2013(7).

[19] 杜婷婷,毛锋,罗锐.中国经济增长与 CO_2 排放演化分析[J].中国人口.资源与环境,2007(2).

[20] 杜向民.论稀缺与稀缺范畴的理论和实践意义[J].经济纵横,1995(5).

[21] 段茂盛.我国碳市场的发展现状与未来挑战[N].光明日报,2018-02-27.

[22] 樊纲.走向低碳发展:中国与世界:中国经济学家的建议[M].北京:中国经济出版社,2010.

[23] 方恺,张琦峰,叶瑞克,等.巴黎协定生效下的中国省际碳排放权分配研究[J].环境科学学报,2017(10).

[24] 冯世钧,蒋栋,董慧芹,等.风力发电 CDM 项目案例分析[J].工业技术经济,2009,28(10).

[25] 付允,马永欢,刘怡君,等.低碳经济的发展模式研究[J].中国人口.资源与环境.2008(3).

[26] 傅京燕,黄芬.中国碳交易市场 CO_2 排放权地区间分配效率研究[J].中国人口·资源与环境,2016(2).

[27] 国务院发展研究中心课题组.全球温室气体减排:理论框架和解决方案[J].经济研究,2009(3).

[28] 何梦舒.我国碳排放权初始分配研究:基于金融工程视角的分析[J].管理世界,2011(11).

[29] 何燕.我国排污权交易制度的不足与完善[J].湘潭大学学报,2007(9).

[30] 何玉长.节约型社会的经济学研究[M].北京:人民出版社,2009.

[31] 胡培兆.胡培兆选集[M].太原:山西经济出版社,1993.

[32] 姬振海.低碳经济与清洁发展机制[J].中国环境管理干部学院学

报,2008(6).

[33] 蒋惠琴,邵鑫潇,鲍健强.我国省域间碳排放权初始配额分配的公平性研究[J].浙江工业大学学报(社会科学版),2017(6).

[34] 金魏.林业碳汇的经济属性分析[J].中国林业经济,2006(7).

[35] 科斯.企业、市场与法律[M].上海:格致出版社,2009.

[36] 蓝虹.环境产权经济学[M].北京:中国人民大学出版社,2005.

[37] 李爱年,胡春冬.排污权初始分配的有偿性研究[J].中国软科学,2003(5).

[38] 李建平.《资本论》第一卷 辩证法探索[M].北京:社会科学文献出版社,2006.

[39] 李静云,别涛.清洁发展机制及其在中国实施的法律保障[J].中国地质大学学报(社会科学版).2008(1).

[40] 李怒云.气候变化与中国林业碳汇政策研究综述[J].林业经济,2006(5).

[41] 李向阳.全球气候变化规则与世界经济的发展趋势.国际经济评论,2010(1).

[42] 联合国.《联合国气候变化框架公约》京都议定书[C/OL].1998.http://unfccc.int/resource/docs/convkp/kpchinese.pdf.

[43] 廖福霖.生态生产力导论[M].北京:中国林业出版社,2007.

[44] 林德荣,李智勇,支玲.森林碳汇市场的演进及展望[J].世界林业研究,2005(1).

[45] 林黎.我国清洁发展机制的现状及问题[J].城市发展研究,2010,17(2).

[46] 林云华.国际气候合作与排放权交易制度研究[M].北京:中国经济出版社,2007.

[47] 刘承智,潘爱玲,刘琛.推进我国碳排放交易市场发展的对策[J].经济纵横,2013(12).

[48] 刘力,周维.广东SO_2排污权交易的初始分配与动态纠正机制[J].科技管理研究,2010(7).

[49] 刘明明.论我国气候变化立法中碳排放配额的初始分配[J].中国政法大学学报,2016(5).

[50] 刘小川,汪曾涛.二氧化碳减排政策比较以及我国的优化选择[J].

上海财经大学学报,2009(4).

[51] 刘学之,孙岳,高玮璘.碳排放权初始分配政策下碳核查数据真实性博弈分析[J].当代经济管理,2016(12).

[52] 刘铮,陈波.清洁发展机制的局限性和系统风险提示[J].广东社会科学,2009(6).

[53] 马贵珍.清洁发展机制下我国可持续发展策略研究[J].云南行政学院学报,2008(5).

[54] 马海良,张红艳,吴凤平.基于情景分析法的中国碳排放分配预测研究[J].软科学,2016(7).

[55] 马克思.马克思1844年经济学哲学手稿[M].中共中央马克思恩格斯列宁斯大林著作编译局,译.北京:人民出版社,2000.

[56] 马克思.资本论(三卷)[M].北京:人民出版社,1975.

[57] 马中,蓝虹.产权、价格、外部性与环境资源市场配置[J].价格理论与实践,2003(11).

[58] 孟早明,葛兴安.中国碳排放权交易实务[M].北京:化学工业出版社,2017.

[59] 齐绍洲.低碳经济转型下的中国碳排放权交易体系[M].北京:经济科学出版社,2016.

[60] 曲如晓,吴洁.碳排放权交易的环境效应及对策研究[J].北京师范大学学报(社科版)2009(6).

[61] 任卫峰.低碳经济与环境金融创新[J].上海经济研究,2008(3).

[62] 宋国君.排污权交易[M].北京:中国环境科学出版社,2004.

[63] 孙永平.碳排放权交易蓝皮书:中国碳排放权交易报告(2017)[M].北京:社会科学文献出版社,2017.

[64] THOMAS A,CARL F,STEFAN N.环境与贸易:生态经济体制和政策[M].黄晶,等,译.北京:清华大学出版社,1998.

[65] 谭冰霖.碳交易管理的法律构造及制度完善:以我国七省市碳交易试点为样本[J].西南民族大学学报(人文社科版),2017(7).

[66] 谭丹,黄贤金,胡初枝.我国工业行业的产业升级与碳排放关系分析[J].环境经济,2008(4).

[67] 谭光涛,赵自成.全球化背景下的清洁发展机制与中国[J].铜仁学院学报,2008(3).

[68] 涂毅.国际温室气体排放权市场的发展及其启示[J].江西财经大学学报,2008(2).

[69] 王卉彤.应对全球气候变化的金融创新[M].北京:中国财政经济出版社,2008.

[70] 王金南,曹东.减排温室气体的经济手段:许可证交易和税收政策[J].中国环境科学,1998,18(1).

[71] 王文举,陈真玲.中国省级区域初始碳配额分配方案研究:基于责任与目标、公平与效率的视角[J].管理世界,2019(3).

[72] 王文举,李峰.碳排放权初始分配制度的欧盟镜鉴与引申[J].改革,2016(7).

[73] 王文举,李峰.我国统一碳市场中的省际间配额分配问题研究[J].求是学刊,2015(2).

[74] 王宪明.中国碳排放权交易的可行性分析[J].国家行政学院学报,2009(6).

[75] 王遥.碳金融:全球视野与中国布局[M].北京:中国经济出版社,2010.

[76] 王毅刚.中国碳排放交易体系设计研究[D].中国社会科学院研究生院博士学位论文,2010(4).

[77] 王玉海,潘绍明.金融危机背景下中国碳交易市场现状和趋势[J].经济理论与经济管理,2009(11).

[78] 王兆焕.浅谈商业银行利用清洁发展机制大力开展碳交易金融业务[J].金融经济,2010(5).

[79] 王中英,王礼茂.中国经济增长对碳排放的影响分析[J].安全与环境学报,2006(5).

[80] 魏一鸣,张跃军,等.应对气候变化的市场机制:欧盟排放交易体系对我国的启示[EB/OL].[2009-08-19].http://www.sciencenet.cn/sbhtmlnews/2009/8/223052.html.

[81] 吴健,马中.科斯定理对排污权交易政策的理论贡献[J].厦门大学学报:哲学社会科学版,2004(3).

[82] 吴瑞林.不能躺在"环境库兹涅茨曲线上等拐点"[N].中国环境报,2006-08-17.

[83] 吴宣恭,等.产权理论比较:马克思主义与西方产权学派[M].北

京:经济科学出版社,2000.

[84] 肖志明.欧盟排放交易机制的影响分析:国外研究综述[J].德国研究,2012,27(1):73-81.

[85] 闫云凤.中国碳排放权交易的机制设计与影响评估研究[M].北京:首都经济贸易大学出版社,2017.

[86] 杨果,叶家柏.中国真的承担了更少的碳减排任务吗?[J].管理世界,2018(11).

[87] 杨红强.《京都议定书》机制下碳贸易与环保制约的协调[J].国际贸易问题,2005(10).

[88] 杨军,赵永斌,丛建辉.全国统一碳市场碳配额的总量设定与分配:基于碳交易三大特性的再审视[J].天津社会科学,2017(9).

[89] 杨杨,郑秀.低碳经济背景下碳税及其他减排政策的比较研究[J].特区经济,2010(5).

[90] 姚志勇.环境经济学[M].北京:中国发展出版社,2002.

[91] 于天飞.碳排放权交易的制度构想[J].林业经济,2007,(5).

[92] 于杨曜,潘高翔.中国开展碳交易亟须解决的基本问题[J].东方法学,2009(6).

[93] 曾少军.碳减排:中国经验:基于清洁发展机制的考察[M].北京:社会科学文献出版社,2010.

[94] 张博,何明洋.基于全国统一碳市场下的中国各省市初始碳排放权分配方案研究[J].云南财经大学学报,2015(12).

[95] 张帆,李东.环境与自然资源经济学[M].上海:上海人民出版社,2007.

[96] 张华荣.精神劳动和精神生产论[M].北京:经济科学出版社,2002.

[97] 张健,廖胡,梁钦锋,等.碳税与碳排放权交易对中国各行业的影响[J].现代化工,2009(6).

[98] 张景玲.我国排污权交易实施和研究进展[J].兰州大学学报(社会科学版),2007(9).

[99] 张坤民,潘家华,崔大鹏.低碳经济论[M].北京:中国环境科学出版社,2008.

[100] 张雷.经济发展对碳排放的影响[J].地理学报,2003(4).

[101] 张小全,陈幸良.中国实施清洁发展机制碳汇项目的可行性和潜

力[J].林业工作研究,2003(12).

[102] 张永毅.清洁发展机制(CDM)下投资者与项目业主的风险探讨[J].西南农业大学学报(社会科学版),2009,7(2).

[103] 张愉,陈徐梅,张跃军.低碳经济是实现科学发展观的必由之路[J].中国能源.2008(4).

[104] 赵春玲,张国政,郁维.基于低碳经济视角下排污权交易的经济效率分析[J].南京财经大学学报,2010(3).

[105] 赵一平,孙启宏,段宁.中国经济发展与能源消费响应关系研究[J].科研管理,2006(3).

[106] 赵云君.文启湘.环境库兹涅茨曲线及其在我国的修正[J].经济学家,2004(5).

[107] 郑爽.提高我国在国际碳市场竞争力的研究[J].中国能源,2008,30(5).

[108] 郑思海,王宪明.国际合作中的技术交流障碍与对策研究[J].特区经济.2010(2).

[109] 中国国家发展和改革委员会能源研究所清洁发展机制项目管理中心.中国 CDM 政策改善研究报告[R/OL].2009(8).http://www.euchina-cdm. org/cn/media/docs/ Improvement％ 20of％ 20CDM％ 20Policies％ 20in％20China_EU％20China％20CDM％20Facilitation％20Project.pdf.

[110] 中国科学院可持续发展战略研究组.2009 中国可持续发展战略报告:探索中国特色的低碳道路[M].北京:科学出版社,2009.

[111] 周海屏.全球二氧化碳排放气交易市场的分析与展望[J].上海环境科学,2003(10).

[112] 周五七,聂鸣.碳排放与碳减排的经济学研究文献综述[J].经济评论,2012(5).

[113] 庄贵阳.中国经济低碳发展的途径与潜力分析[J].国际技术经研究,2005(3).

[114] 庄贵阳,朱仙丽,赵行姝.全球环境与气候治理[M].杭州:浙江人民出版社,2009.

[115] 邹亚生.我国必须积极构建碳金融体系.经济研究参考,2010(30).

[116] BETZ R A, SCHMIDT T S. Transfer Patterns in Phase I of the EU Emissions Trading System: A first reality check based on cluster analy-

sis. Climate Policy,2016,16(4):474－495.

[117] BETZ R A, SCHMIDT T S. Transfer patterns in Phase I of the EU George Emissions Trading System: a first reality check based on cluster analysis George Daskalakis. On the efficiency of the European carbon market: New evidence from Phase II[J]. Energy Policy, 2013(54): 369－375.

[118] BÖHRINGE C, MOSLENER H K. Efficiency losses from overlapping regulation of EUcarbon emissions[J]. J Regul Econ,2008(33).

[119] BOUTABBA M A, LARDIC S. EU Emissions Trading Scheme, Competitiveness and Carbon Leakage: New Evidence from Cement and Steel Industries[J]. Annals of Operations Research, 2017,255(1): 47－61.

[120] CALEL R, DECHEZLEPRÊTRE A. Environmental Policy and Directed Technological Change: Evidence from the European Carbon Market [J]. Review of Economics and Statistics,2016, 98(1):173－191.

[121] CARBON P. Carbon 2010[EB/OL].[2010-03-03]. http://www. pointcarbon.com.

[122] CASTAGNETO-GISSEY G. How Competitive are EU Electricity Markets? An Assessment of ETS Phase II[J]. Energy Policy,2014(73): 278－297.

[123] DENG M Z, ZHANG W X. Recognition and Analysis of Potential Risks in China's Carbon Emission Trading Markets[J]. Advances in Climate Change Research, 2019(10):30－46.

[124] DENNY A, ELLERMAN, FANK J. Convery Christian de Perthuis Pricing Carbon[M]. Cambridge: Cambridge University Press, 2010.

[125] ELKERBOUT M, EGENHOFER C. The EU ETS price may continue to be low for the foreseeable future-Should we care? [J].Policy Insights,2017,22(6).

[126] ELLERMAN A D, JOSKOW P L. The European Union's Emissions Trading System in Perspective[C/OL]. Prepared for the Pew Center on Global Climate Change, 2008(6). http://www.pewclimate.org/docUploads/EU-ETS-In-Perspective-Report.pdf.

[127] ELLERMAN D, BUCHNER B K. Over-Allocation or Abatement? A Preliminary Analysis of the EU ETS Based on the 2005－06 Emis-

sions Data[J].Environ Resource Econ, 2008(41).

[128] FAN Y, Jia J J, Wang X, et al. What Policy Adjustments in the EU ETS Truly Affected the Carbon Prices? [J]. Energy Policy, 2017(103): 145 - 164.

[129] HEPBURNL C, GRUBB M, NEUHOFF K, et al. Auctioning of EU ETS phase II allowances: how and why? [J]. Climate Policy, 2006 (6): 137 - 160.

[130] HYVÄRINEN E. The Downside of European Union Emission Trading-A View from the Pulp and Paper Industry[EB/OL].http://www. fao.org/docrep/009/a0413e/a0413E10.htm.

[131] JOHN D. Pollution, Property and Prices[M]. Toronto: University of Toronto Press,1968.

[132] KING M R. An Overview of Carbon Markets and Emissions Trading: Lessons for Canada[R/OL]. (2008 - 01 - 01). www.bank-banque-canada.ca/en/res/dp/2008/dp08 - 1.pdf.

[133] LISE W, SIJM J, HOBBS B F. The Impact of the EU ETS on Prices, Profits and Emissions in the Power Sector: Simulation Results with the Competes EU20 Model[J]. Environ Resource Econ,2010(4).

[134] LIU LW, CHEN CX, ZHAO YF, et al. China's carbon-emissions trading: Overview, challenges and future [J]. Renewable and Sustainable Energy Reviews,2015,49:254 - 266.

[135] MARTIN R, MUÛLS M, LAURE DE PREUX, et al. On the Empirical Content of Carbon Leakage Criteria in the EU Emissions Trading Scheme[J]. Ecological Economics, 2014,105(5):78 - 88.

[136] MOHAMED AMINE BOUTABBAL, SANDRINE LARDIC. EU Emissions Trading Scheme, Competitiveness and Carbon Leakage: New Evidence from Cement and Steel Industries[J]. Energy and Climate Policy Modeling, 2017(255):47 - 61.

[137] NIELSON L. The European Emissions Trading System—lessons for Australia[EB/OL]. (2008 - 08 - 20)[2008 - 09 - 09]. http://www.aph. gov.au/library/pubs/rp/2008 - 09/09rp03.htm.

[138] OBERNDORFER U, RENNINGS K, SAHIN B. The Impacts

of the European Emissions Trading Scheme on Competitiveness and Employment in Europea Literature Review[C/OL]. Center for European Economic Research Mannheim, 2006(5). http://www.wwf.fi/wwf/www/uploads/pdf/clearingthemist_fullreport_june2006.pdf.

[139] PONSSARDA J P, WALKERB N. EU Emissions Trading and the Cement Sector: a Spatial Competition Analysis[J]. Climate Policy, 2008(8).

[140] SCHLEICH J, BETZ R A. EU Emissions Trading and Transaction Costs for Small and Medium Sized Companies[J]. Intereconomics, 2004 (5/6).

[141] SCHLEICH J, ROGGE K, BETZ R A. Incentives for Energy Efficiency in the EU Emissions Trading Scheme[J]. Energy Efficiency, 2009 (2):37 – 67.

[142] SEIJI IKKATA, DAISKE ISHIKAWA, KENGO SASAKI. Effect of the European Union Emission Trading Scheme (EU ETS) on companies: Interviews with European companies[R/OL]. 2008 (8). http://www.kier.kyoto-u.ac.jp/DP/DP660.pdf.

[143] SIJM J, HERS S J, LISE W, et al. The impact of the EU ETS on Electricity prices[R/OL]. 2008(11). http://www.ecn.nl/docs/library/report/2008/e08007.pdf.

[144] SMALEL R, HARTLEY M, HEPBURN C, et al. The impact of CO_2 emissions trading on firm profits and market prices[J]. Climate Policy, 2006(6).

[145] TADEUSZ SKOCZKOWSKI, SLAWOMIR BIELECKI, ARKADIUSZ WĘGLARZ, et al. Impact Assessment of Climate Policy on Poland's Power Sector[J]. Mitig Adapt Strateg Glob Change, 2018(23): 1303 – 1349.

[146] THOMAS C. The Structuring of Air Pollution Control Systems [M]//WOLOZIN H. The Economics of Air Pollution. New York: W.W. Norton, 1966.

[147] WETTESTAD J. Interaction Between EU Carbon Trading and the International Climate Regime: Synergies and Learning[J]. Int Environ Agreements, 2009(9).

[148] WORLD BANK. Carbon Price 2018[R/OL]. 2018(6).http://www.worldbank.org.

[149] WORLD BANK. State and Trends of the Carbon Market 2010 [R/OL]. 2010(5).http://www.worldbank.org.

[150] ZENG Y Y, WEISHAAR S E, VEDDER H H B. Electricity Regulation in the Chinese National Emissions Trading Scheme (ETS): Lessons for Carbon Leakage and Linkage with the EU ETS[J]. Climate Policy 2018,18(10): 1246 - 1259.

后　记

　　本书是在我的博士学位毕业论文的基础上修改完善而成。2008 年金融危机爆发,奥巴马当选美国总统,他上台后,为应对金融危机,将刺激经济和应对全球气候变化的任务结合起来,出台了《美国清洁能源安全法案》,推进新能源产业发展和节能减排策略,不断推出低碳政策,外界将此视作奥巴马的"绿色新政"或"低碳新政",低碳经济也成当时最热门的研究方向之一。2008 年,我考入福建师范大学世界经济专业博士,方向为国别经济研究,在博士论文选题上就思考着如何借鉴西方国家发展低碳经济的经验,推动中国低碳经济的发展。通过文献阅读与梳理,逐渐地确定了欧盟碳排放权交易机制的选题研究。

　　在撰写博士论文期间,《京都议定书》承诺期即将到期,但"后 2012"国际气候协议谈判却不顺畅,各方严重分歧决定了每年气候协议谈判的艰巨性和复杂性,哥本哈根协议、坎昆协议、德班协议达成过程中都是困难重重。虽然分歧严重,但气候变化谈判还是不断向前推进。2018 年 12 月,谈判历时四年的《巴黎协定》,终于在卡托维兹会议上如期达成了实施细则,开启全球气候行动合作新局面。《巴黎协定》正式生效后,成为《联合国气候变化框架公约》下,继《京都议定书》后第二个具有法律约束力的协定,初步构建了 2020 年后应对气候变化国际机制的整体框架,解决了国际气候治理的格局性问题。

　　气候领域是中国参与全球治理的缩影之一。党的十九大报告指出,中国将"引导气候变化国际合作,成为全球生态文明建设的重要参与者、贡献者和引领者"。中国提出了建设生态文明和构建人类命运共同体,开始探索全国碳排放权交易机制和交易市场,并承诺中国到 2030 年达到碳排放的峰值,展现"负责任大国"担当。

在本书即将付梓之际,首先感谢我的导师张华荣教授,是他带领我进入国别经济比较研究的领域,让我的研究视角大大地拓宽到中国以外的世界,同时也是在他的悉心指导下,才得以完成本书的撰写。

感谢福建师范大学陈征教授、李建平教授、李建建教授、郭铁民教授、李闽榕教授、廖福霖教授等在本书研究和撰写过程中所给予的建议和启迪。

感谢我的妻子、女儿和我的妈妈,她们给了我最大的精神鼓励和支持!

感谢福建江夏学院和工商管理学院的领导、同事和朋友!

肖志明

2019 年 7 月